阅读顾奇伟
——从一位本土建筑师的创作看云南地域建筑发展

李卫兵 著

中国建筑工业出版社

图书在版编目（CIP）数据

阅读顾奇伟：从一位本土建筑师的创作看云南地域建筑发展 /
李卫兵著. —北京：中国建筑工业出版社，2020.11
ISBN 978-7-112-25329-6

Ⅰ.①阅⋯ Ⅱ.①李⋯ Ⅲ.①建筑设计－研究－云南 Ⅳ.①TU2

中国版本图书馆CIP数据核字（2020）第137426号

　　本书主要从三个部分来进行阐述。第一部分是从顾奇伟的成长经历、建筑创作作品及其创作思想三个层面进行阐述，总结出处于"双重边缘化"境况中的云南建筑师的特质性和差异性。第二部分把顾奇伟置于云南广大建筑师的叙述背景之中，得出云南地域建筑的发展离不开云南的本土意识，这种意识不仅仅是一种"自我认同"，而且还包含一种"自我批判"。但这种意识不能只停留在"形而上学"的认识层面，更要升华到"云南地域建筑学"的理论高度。第三部分笔者依托云南本土的自然资源和人文资源，进行云南本土建筑创作，讲述笔者的本土建筑创作实践案例。本书适用于建筑学、设计学类相关专业在校师生以及相关从业者。

责任编辑：唐　旭
文字编辑：吴人杰
书籍设计：锋尚设计
责任校对：芦欣甜

阅读顾奇伟——从一位本土建筑师的创作看云南地域建筑发展
李卫兵　著
＊
中国建筑工业出版社出版、发行（北京海淀三里河路9号）
各地新华书店、建筑书店经销
北京锋尚制版有限公司制版
北京中科印刷有限公司印刷
＊
开本：787毫米×1092毫米　1/16　印张：17½　字数：323千字
2020年11月第一版　2020年11月第一次印刷
定价：68.00元
ISBN 978 - 7 - 112 - 25329 - 6
　　　（36314）

序

翻看着眼前这本李卫兵老师所著的《阅读顾奇伟》的书稿，脑海中浮现着顾院长亲切温馨的样貌。在云南说建筑，顾院长是一位不得不谈的人……

我们都爱尊称他老人家"顾院长"，是因为他曾经好长一段时间是云南省城乡规划设计研究院的院长。可是，其实他一点都不像一个"院长"，他没架子、亲切和蔼、乐观开朗、智慧幽默、温文尔雅。他从小生长在江南，大学毕业后来到云南，所以他身上兼具江南水乡委婉毓秀的气韵和西南山野豁达豪迈的品性。他画得一手好画，写得一手好字，做得一手好文章，我觉得，顾院长就是一个颇有才情的文人。

顾院长1957年开始设计生涯，在云南耕耘六十余载，为自己第二故乡的山山水水及人居环境殚精竭虑，堪称云南建筑学界的先行者和拓荒者。他做设计才华横溢、不落俗套；他的作品既贯穿着逻辑理性，又充盈着浪漫诗性；既应答现实，又充满理想。用顾院长自己的话来说，他一生都在苦觅建筑创作，"最苦的享受就是寻觅当代本土建筑"。我觉得，他骨子里面就有那种中国知识分子的自觉担当与家国情怀。所以，他又是一个有中国文人精神的建筑师。

文人并非都要逃离现实，归隐田园。在印象中，顾院长常自觉思考当代中国城市及建筑发展之得失，很早就在思索中国当代建筑创作之路，在冷静中反思和寻觅建筑创作及建筑学的永恒之道。在20世纪80年代，他就是"中国现代建筑创作小组"的核心成员；20世纪90年代，他已展开对"无招无式"之设计境界和"无派的云南派"等命题的深层思辨。我对顾院长常有一种情景想象：一位抽着香烟、远离嘈杂、地处西南边缘、在内心的静谧中独思着的老者，他观察着当下，检视着周遭，以质疑和批判建构着自己的反思，并以此启迪着社会……因此，我又觉得，顾院长也是建筑师中一位具有独立思考和批判精神的思想者。

在当下中国，西南建筑学人常有一种"边缘感"，但建筑学却越来越与真实的地方社会相关联。在这种情形下，我特别觉得李卫兵《阅读顾奇伟》一书的珍贵和必要。李卫兵老师的硕士论文课题就是研究顾院长，而今，已为人师的他深知研究老一代优秀建筑师的意义和重要性。在经过多年的修正、扩充和完善后，这本书稿更加具有完整性和思考力度。本书的多重意义在此不必赘言，书中内容及观点读者也会自有评判。这里，我只是想说，感谢李卫兵老师，他为云南建筑界带来了一笔关于"建筑"的思想财富。

先行者尚在跋涉，后辈者岂能怠慢……

昆明理工大学建筑与城市规划学院教授

2020年5月5日于昆明

目　录

启示篇

探索篇

第一章 绪论

- 为什么要研究云南的建筑师?
- 研究云南的建筑师为什么要研究顾奇伟?

云南地处祖国的西南边陲，从地理位置上讲，云南属于西部。在全球化语境的冲击下，中国的建筑师逐渐被边缘化，而西部的建筑师，尤其是云南的建筑师在背负这种边缘化的同时，还不得不接受另一种边缘化，随着东部的崛起，而形成西部地区的边缘化。处于"双重边缘化"的云南建筑师有着自己的"特质性"和"差异性"。[①]研究云南的建筑师就是要把这种"特质性"和"差异性"更好地表现出来。

顾奇伟生长于中国东部，受教育于东部，却实践于西部云南。他于东西部差距并不十分明显的20世纪50年代中期就来到云南，开始了长达60多年的云南本土建筑创作实践。他长期生活和工作在云南的经历，使他对云南本土有较为深刻的理解。他也深切地经历了云南翻天覆地的变化，在变化中追求和寻找着充满个性的道路，淡泊平静、处变不惊……几十年来，他立足本土，研究传统，适应时代，也不断地推陈出新。常年立足于云南本土的经历使顾老对建筑与本土的关系深谙于心，并长期坚持不懈地进行相关的研究与探索，其创作作品与创作思想也体现了一贯性与连续性。更难能可贵的是，他能相对客观地认识东部与西部的差异性，能从东西部不同的视角看到对方的价值与不足，从而找到云南本土建筑创作的路子。此外，顾老十分注重建筑创作实践与理论的结合：一方面，他用理论指导实践，解决建筑创作中的具体问题；另一方面，他又从工作本身碰到的特殊问题来反思建筑理论的不足，并不断地完善和丰富理论，其最终能够提升建筑创作的价值。

顾老从事云南本土建筑的研究与实践的时间、经历及其影响力在云南规划建筑界是少有的。从另一方面讲，他从事云南本土建筑创作的经历也从一个侧面见证了云南几十年来地域性建筑的发展历程。

① 王冬. 西部年轻建筑师的凤凰涅槃[J]. 时代建筑, 2006 (4): 163.

1.1 研究的背景与意义

随着中国社会经济的迅猛发展，城市建设步伐的大大加快，我国的建筑创作也呈现出一片欣欣向荣的美好景象，诞生了一支庞大的建筑师队伍和一大批优秀的建筑设计作品。因此，也出现了一类介绍建筑师及其作品的书籍（这里指的是少数优秀的建筑师）。这类书籍大致可分为三类：第一类是《国外著名建筑师》丛书，主要介绍如勒·柯布西耶、W·格罗皮乌斯、密斯·凡·德·罗、F·L·赖特等一批享誉国际建筑界的国外建筑大师；第二类是《当代中国建筑师》丛书，主要介绍了八大建筑院校老一辈及中年建筑师及其建筑教育工作者；第三类是《贝森文库——建筑界丛书》，介绍了中国明星建筑师，他们大多数都处于经济发展水平较高的东部城市，例如张永和、崔愷、王澍、汤桦、刘家琨（除刘家琨处在成都外，其余四人都处于东部城市）一批著名的年青建筑师。然而，对身处西部云南的建筑师的介绍可谓凤毛麟角。

西方经济的发达、文化的强势以及国外建筑师的不断涌入，已使中国的建筑师处于被边缘化的境地。随着改革开放进程的加快，东部省市的迅速崛起，使得西部尤其是云南的建筑师处在"被边缘化的边缘"。这种"双重边缘化"的境地，一方面使得西部的建筑师尤其是云南的建筑师失去话语权，远离中心；但另一方面也赋予这一地区建筑师的"特质性"和"差异性"。西南尤其是云南有着悠久的历史文化，丰富的民族文化内涵，特殊的地理气候条件，生长在云南的建筑师们一直在探索，使得这一特定地域环境下的建筑作品不断丰富与发展。2002年5月，云南省进行了首次优秀特色建筑评选活动，表彰了一批具有地域特色、民族特色的建筑作品和一批建筑师。他们为致力于云南本土建筑创作而呕心沥血，像顾奇伟一样的老一辈建筑师们在云南地区建筑的研究与创作上更是有着承前启后的作用。

顾奇伟作为云南老一辈建筑师代表之一，他在云南从事建筑创作与研究已有60多年的经历，对建筑与本土的关系深谙于心，其作品与创作思想具有一定的连贯性。因此，研究顾奇伟的建筑创作及其创作思想可以从一个方面反映处于"双重边缘化"的云南建筑师的"特质性"和"差异性"，及其建筑师个性的追求，又可以从另一个侧面映射出云南地域性建筑发展的历程。

1.2 研究的目标

介绍云南建筑大师顾奇伟个人经历、建筑创作作品及创作思想，分析建筑师创作过程中体现的本土意识，试图找出影响云南当代地域性建筑发展的内在因素。

顾奇伟属于云南老一辈建筑师，他在云南生活、工作的时间之长，经历了云南经济逐步发展的过程，也经历了云南本土建筑创作的各个不同时期，其建筑作品在云南分布广泛。因此，对他的研究也可以从侧面反映出云南当代地域性建筑发展的趋势。"建筑创作与建筑师这个创作主体有着密不可分的关系，其关键在于建筑师对建筑的理解，尤其对建筑环境的理解与认识。建筑师对建筑创作的理解与其接受教育的背景和接受教育的环境密切相关，与他所处的时代背景相关。"①因此，分析建筑师的创作过程、背景也是本书研究目的之一。

1.3 主要研究内容

本书的主要研究内容是"道"与"器"，及其两者的相互关系。这里的"道"主要指的是人（顾奇伟本人）及其创作思想，"器"主要指的是顾老的建筑作品以及他写的文章。"道"与"器"相生相长，一方面，顾老受教育的背景及其各方面的经历形成了一定的创作思想，并影响着建筑创作；另一方面，不同时期的建筑实践及其文章都体现了特定时期内的创作思想，并促进其创作思想与创作手法的不断完善，日趋成熟。

1.4 国内外对地域主义建筑思想的研究

1.4.1 国外研究动态

18世纪、19世纪欧洲的浪漫地域主义和风景地域主义可以说是地域主义建筑思想的始端。英国的哥特复兴就是其中的代表思潮。只是那时的地域主义思想是初始的，不仅比较零散，设计手法也显幼稚。20世纪30年代，芬兰建筑大师阿尔瓦·阿尔托在根据现代主义大的原则下创造出属于芬兰的、独特的具有地域文化特征的现代主义建筑。1924年，在"Sticks and Stones"一文中，路易斯·芒福德（Lewis Mumford）对地域概念的认识已经超越了单纯美学意义的思考，而认为是对自然环境的理解和经营。他在1948年2月又进一步提出了有地域主义精神的批判主义思想。1954年，西格弗里德·吉提翁（Sigfried Giedion）在《建筑实录》（Architectural Record）上发表题为《新地域主义》（New Regionalism），他在文中强调"新地域主义"在不发达国家和地区具有特殊的重要性，并提倡一种"结合宇宙和大地情景的地域主义倾向"。1959年，瑞典建筑师R·厄斯金（Ralph Erskine）从地理和人文的角度阐述了他对地域主义的看法，认为"地域主义的

① 张兴国，冯棣. 西南地域文化与建筑创作的地域性[J]. 时代建筑，2006（4）：38.

方向不再为狭隘的民族主义所左右，而是融入现代建筑的整体发展中。"1957年，詹姆士·斯特林发表了《论地域主义与现代建筑》，阐述了"地域主义与具有强烈的纪念性和新折中主义色彩的国际式相并列"的思想，并主张"考虑现实技术和现实经济的新传统主义"。20世纪80年代以后，挪威著名建筑理论家诺伯格—舒尔兹（Christian Norberg-Schulz）在《现代建筑之根源》（Roots of Modern Architecture）中提出"新地域主义"的概念，并构建了场所理论，提出建筑必须与当地情况相适应，表达一种场所精神。1981年，希腊建筑理论家亚历山大·仲尼斯（Alexander Tzonis）和丽安·勒法维（Liane Lefaivre）首先提出"批判的地域主义"（Critical Regionalism）概念。1983年，肯尼斯·弗兰姆普顿撰写了《批判的地域之前景》一文，并在其专著《现代建筑：一部批判的历史》（Modern Architecture: a Critical History）中，对"批判的地域主义"作了七点归纳总结，这是对地域主义建筑思想较为系统和学术化的研究概括。

虽然国外地域主义的思想呈现出多样性，还没形成一种普遍意义的思想，但它的发展脉络是清晰的，其思想也日趋成熟，地域主义建筑的实践也颇具代表性，这些为国内地域性研究打下了坚实的基础。

1.4.2 国内研究动态

20世纪初叶以来，面对西方文化的冲击，我国三代建筑师对传统建筑文化进行追寻、探索与拓展。20世纪20至30年代，以第一代建筑师为创作主体，为表达民族自尊心所进行的传统建筑文化复兴活动，这一时期的建筑活动表现出中国建筑"传统情结"，其代表作为中山陵和中山纪念堂等（图1-1）；20世纪50至60年代中期，以第二代建筑师为创作主体，为表达民族自豪感而探索"民族形式"和"新风格"，厦门集美学派堪称代表（图1-2）；20世纪80年代以来，以第三代建筑师为创作主体，立基传统建筑文化而创新的探索，在这一时期，对地域主义建筑与思想的研究呈现出两种趋势。

一是由对传统建筑现代演变的研究而生发的对地域主义建筑及思想的思考：如以清华大学单德启教授为首的致力于乡土聚落和乡土建筑在由传统走向现代过程中如何转变的课题的研究。以华南理工大学陆元鼎教授为首的对传统民居建筑与聚落的基础性研究及其对地域性建筑的思考。另外，台湾学者注重对农村传统聚落及簇群向现代社区发展的研究，西南地区学者立足于少数民族文化基础上对乡土建筑与聚落的研究，西北地区学者基于环境生态角度对乡土建筑与聚落的研究等，都应引起我们对地域主义建筑思想的学术关注和借鉴。

二是结合各地区具体场所，并结合创作实践对同样问题的研究和思考：20世纪80至90年代，以广州为中心的"岭南建筑风格"的地域创作群体与学派——开

图1-1 中山纪念堂
（图片来源：王睿 摄）

图1-2 厦门集美建筑
（图片来源：作者自摄）

放、通透、轻盈，结合当地湿热气候，将建筑与热带自然绿色环境的融合；20世纪末新疆地区的地域创作群体——结合干热地区的气候特点，注重伊斯兰建筑传统中空间类型、形式风格的传承和延续；20世纪80年代至21世纪初以吴良镛、关肇邺先生为代表的清华大学创作群体——关注历史城市、历史地段与建筑的关系，强调文脉的延续，强调地点与场所特质的把握，追求适情、适地的创作模式，追求含蓄、内敛的建筑形式风格；以东南大学和南京大学为学术思想中心的地域创作群体——关注城市文脉和场所特质，注意地域文化的恰当表达；关注建筑建造本质的回归，强调建造中材料、构造、结构的建构及其表达。

尽管国内的建筑界对地域主义思想做了理论上的探索和实践，但仍存在一些问题：首先，深入地域主义理论研究的起步较晚；其次，对民族形式、民族传统的理解过于简单；最后，不完善的市场经济对地区建筑创作的冲击。因此，要走出建筑的误区，更好地进行地域性建筑创造，就一定要去它生长的土壤里寻根，深刻了解它生存的自然环境、反映的文化生活、需要的经济技术，做到可持续发展。

1.4.3 云南少数民族聚落与地域性建筑研究

早在20世纪30年代，刘敦桢、刘致平、梁思成等老一辈建筑学家就来到西南的云南，实地考察了昆明、丽江、南华等地的传统建筑与民居，并进行了相关研究，三位建筑师还分别著书《中国住宅概论》《中国居住建筑简史》《中国建筑史》记载这些研究成果，为中外建筑学界所瞩目。他们开创了云南少数民族聚落与建筑研究的先河。

20世纪60年代，王翠兰、赵琴、陈谋德、饶维纯、顾奇伟、石孝测等建筑师在原云南省建筑工程厅的组织下，对云南少数民族建筑进行了较大规模的和艰苦的调查研究，相继出版了《云南民居》《云南民居——续篇》两部专著，书中共对云南境内16个民族民居的源流、形成、发展、形式、类型、风格及如何适应自然条件、技术经济、风俗习惯等内容进行了研究和介绍。

20世纪80年代，以原云南工业大学（现为昆明理工大学）的老一辈学者及中青年教师继续对云南地方建筑深入研究。其中，朱良文先生最早就开始对丽江古城及纳西民居进行调查研究，并著书《丽江纳西族民居》，在云南开创了对某一民族聚落与民居建筑进行较大规模和较为系统研究的先河。

20世纪90年代，蒋高宸先生著书《云南民族住屋文化》，全书较系统地考察了云南建筑的发展历程和促进建筑文化历史发展的机制。另外，蒋先生所著的或编著的《云南大理白族建筑》《丽江——美丽的家园》《建水古城的历史记忆》《和顺乡》等几部专著都在不同地域聚落与建筑的研究中贯穿和体现了上述学术思想。

杨大禹先生的《云南少数民族住屋——形式与文化研究》一书通过对云南少

数民族地区聚落与建筑大量的调研，分析了各种相关因素在住屋演进过程中不同的作用方式及影响力度，而不仅仅是只从物质形态的层面来看待民族住屋及其形式。

此外，还有一大批学者进行云南地方建筑理论研究，但这些理论研究主要集中在传统聚落和传统民居上，对云南当代地域性建筑研究较少，这就需要我们去深入研究和探索。

在对云南地方建筑理论研究的同时，云南当代地域性建筑实践也在进行。20世纪80年代以来，出现了西双版纳竹楼式宾馆、云南大学图书馆、阿庐古洞洞外景区、99昆明世界园艺博览会中国馆、云南民族博物馆、昆明市博物馆等具有地域特色、民族特色的地域建筑创作。总的说来，云南地域性建筑实践还处于摸索阶段，设计手法还不够成熟，对"民族传统""民族精神"的理解也比较片面。因此，我们建筑师还应不断地从实践中探索，把民族的、具有地方特色的精华加以提炼、升华，创作出更多更好且富有时代特征和鲜明民族地方特色的优秀建筑，这是云南建筑师所共同追求的目标和义不容辞的责任。

1.5 研究方法

1.5.1 文献研究法

对相关课题的国内外学术著作文献的搜集、阅读和整理，明确"如何研究建筑师""地域性建筑""建筑的地域化"等有关学术语汇，了解相关理论和实践的最新动态，为课题研究建立必要的理论基础。

1.5.2 调研访谈法

与建筑师顾奇伟进行访谈，了解设计过程的真实情况和建筑师的设计思想；与使用者和公众交流了解对所调查建筑的反馈与评价；此外，按建筑师创作时间的先后顺序对建筑师几十年来的建筑作品进行较为全面的调查研究并加以整理。

1.5.3 实证和现象学的方法

在对建筑师的建筑作品进行搜集、调查、整理过程中运用实证的方法和客观了解研究对象的现象学方法，真实地记载顾奇伟建筑创作相关的各个方面。

1.5.4 分类学方法

对建筑大师顾奇伟的创作作品按创作的不同时期、不同思想及不同手法进行分类、比较、分析，试图总结顾老本土建筑创作的规律。

1.5.5 整体性研究方法

把顾奇伟的建筑创作放入整体的社会、经济、文化发展背景之中进行研究，试图找出影响云南当代地域性建筑发展的内在因素。

1.6 研究框架

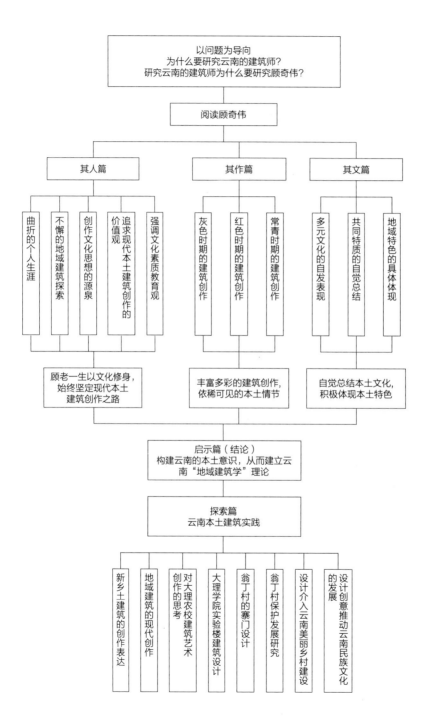

以问题为导向
为什么要研究云南的建筑师？
研究云南的建筑师为什么要研究顾奇伟？

阅读顾奇伟

其人篇

曲折的个人生涯

不懈的地域建筑探索

创作文化思想的源泉

追求现代本土建筑创作的价值观

强调文化素质教育观

顾老一生以文化修身，始终坚定现代本土建筑创作之路

其作篇

灰色时期的建筑创作

红色时期的建筑创作

常青时期的建筑创作

丰富多彩的建筑创作，依稀可见的本土情节

其文篇

多元文化的自发表现

共同特质的自觉总结

地域特色的具体体现

自觉总结本土文化，积极体现本土特色

启示篇（结论）
构建云南的本土意识，从而建立云南"地域建筑学"理论

探索篇
云南本土建筑实践

新乡土建筑的创作表达

地域建筑的现代创作

对大理农校建筑艺术创作的思考

大理学院实验楼建筑设计

翁丁村的寨门设计

翁丁村保护发展研究

设计介入云南美丽乡村建设

设计创意推动云南民族文化的发展

图1-3 研究框架
结构图
（图片来源：笔者
自绘）

其人篇

第二章　建筑创作必须有创新精神

顾老一生都热爱建筑创作，常年扎根于云南，对云南各地区的风土人情熟谙于心，并在建筑设计上有所体现。顾老甚爱民居，爱其可贵的因时、因地、因物质条件的创作价值，并把这种创作价值运用到实践中去进一步创新。顾老一直强调建筑创作不必拘泥于任何招式，一定要能体现时代精神与地域特色（这就是后文要说的本土意识），所以必须要有创新精神。他的这一见解是与他所处的环境分不开的。

顾老多年生活并工作于云南。而云南又地处中国的西南边陲，属于边疆省份。云南地广人稀，民族众多，各地的自然气候条件又各不相同。正是因为如此，顾老力求建筑一定要有创新精神，能体现地域的特色。"世上没有两片完全相同的树叶"，建筑创作也理应如此。云南是一个民族文化大省，绿色植物王国，但又是一个经济弱省。因此，顾老总是利用自然地形和民族文化特征反映建筑的品格，也总是考虑云南现实的经济水平状况进行适宜云南本土的建筑创作。

2.1　顾老的个人生涯

2.1.1　刀光剑影的童年时代

1935年10月，顾奇伟出生于太湖之滨——无锡城中的一个中等家庭，少年时期有着基本的温饱生活。由于身处战乱年代，顾老从小不得不辗转于城市与农村之间。因此，他在上海和无锡郊区的农村生活了很长一段时间，对中国旧社会的现实状况也有了一定的了解与认识。

所幸的是，顾老没有像其他同年人一样流离失所，他在上海和无锡郊区接受断断续续的启蒙教育。在这里，他渡过了自己的中小学时代，既目睹了旧中国落后挨打的社会状况，又迎来了新中国的诞生，看到了新的希望。

童年的战乱，让顾老目睹了广大百姓的苦难，看到了旧中国经济水平低下的状况，也坚定了他"安得广厦千万家，大庇天下寒士俱欢颜"的理想，以及后来作为建筑师坚决摒弃不切实际的奢华装饰，追求一种平和朴素的建筑表达。

2.1.2 意气风发的求学时代

1953年，顾老以优异的成绩考上了上海同济大学，进入建筑系就读城市规划与建筑设计专业，向自己的理想迈出了重要的第一步。这个时期是新中国成立后，并经过了三年的经济恢复后第一个五年计划时期，也是城市建设百废待兴的时期。上海，这个旧社会的国际大都市经过战争的炮火，已经千疮百孔、满目疮痍，亟待重建。20世纪50年代初，上海作为新中国的门户正在如火如荼地进行建设。一时间，上海聚集了国内建筑界一大批人才以及留学回国的海归派。1956年，毛泽东提出"百花齐放，百家争鸣"[①]的方针，即"艺术问题上的百花齐放，学术问题上的百家争鸣"[②]。这期间，各种建筑思潮在上海进行了激烈的碰撞，撞出了交融的火花。此时，上海建筑界还在积极筹备1959年的建筑艺术座谈会。同济大学这所当时上海唯一的建筑院校也受到当时建筑界积极的影响。顾老也在同济大学接受各种思想的洗礼，逐渐加强了对建筑的认识与理解。由于思想的敏锐，顾老一踏进大学校门，就意识到对建筑的领悟与自身的文化素质有着很大的关系。在大学期间，他进行了大量有关文化素质教育方面的补修，同时还在校学生会从事文化宣传并担任文化宣传部长一职，经常组织各种文化活动。顾老大学时代的这一经历无疑提高了自身的文化素质，为后来建筑创作及走上领导工作岗位奠定了坚实的基础。他认为建筑不是无源之水，无本之木，是有深刻的文化底蕴的，主张建筑创作要与文化紧密相关。顾老的这一认识与当时的社会背景有着紧密的联系。顾老的大学时代正值新中国第一个五年计划时期，这一时期之初举国上下都是"一边倒"向苏联学习，建筑教育也"大力地引进苏联的教学体制、方法和教材。苏联建筑教育注重基本功与文化修养。"[③]其建筑理论核心就是提倡"社会主义内容、民族形式"。1953年10月23日至27日在北京成立的中国建筑学会上，建筑界的前辈梁思成先生也提出了社会主义内容与民族形式的问题……于是建筑领域内一场"民族运动"浩浩荡荡地开展起来，研究传统文化、提高自身的文化修养也是势在必行。顾老对自身文化素质的要求也脱离不了这一历史背景。当然，他的这一举动也决不仅限于研究民族形式，这为他后来的建筑创作拓宽了一个更广阔的视野，达到一个更高的认识深度。

一方面，由于苏联的影响，国内建筑界掀起了一片"民族热""传统热"；另一方面，新中国成立，国门逐渐打开，尤其是上海，许多归国的学子带来了西方的现代建筑理论，而1956年的"双百方针"极大地鼓舞了建筑界学术上的争鸣，为中国的建筑未来沿着现代化的方向健康发展奠定了良好的基础。加之以前国内建筑师自发地对现代建筑的探索以及同济大学特具的教授师资和教学环境，

① 邹德侬. 中国现代建筑史[M]. 北京：机械工业出版社，2003，3：61.
② 邹德侬. 中国现代建筑史[M]. 北京：机械工业出版社，2003，3：61.
③ 邹德侬. 中国现代建筑史[M]. 北京：机械工业出版社，2003，3：44.

使得顾老有机会接触西方现代建筑，从中吸取了现代建筑理论的营养，并且逐渐地认识到坚持现代建筑的创作之路，就是要提高建筑的创作价值，不只是关注建筑形式问题。这一认识对顾老后来研究云南民居有着深刻的影响。顾老后来研究民居，不只是关注民居的外在表现形式、建造年代，更重要的是关注民居可贵的因时、因地、因物质条件的创作价值。

在大学期间对顾老职业生涯有重要影响的是作为中国为数不多的代表之一到捷克的首都布拉格出席国际学联代表大会。出发前，他在北京接受相关培训，直接在小范围内听取了许多精辟的见解和论点，并受到了时任中央领导的接见。参会期间，顾老经过了苏联，会后受到苏联的邀请再度参观了这个社会主义大国。这次经历，顾老有幸与国外建筑亲密接触，亲眼目睹了布拉格的城市与建筑，看到了真实存在的欧洲古典和现代建筑，也朦胧地感到了社会主义计划经济给建筑创作带来的影响，同时对人性的建筑有所感悟。

顾老的大学生活无疑是丰富多彩的。在这里，他接受着国内的、国外的、传统的、现代的等各种思想的浸润，清晰地认识到中国传统建筑和现代建筑的创作价值。出国考察的经历，也坚定了顾老传统与现代相结合的建筑创作之路。大学期间，文化素质的自我修养，让顾老在后来的建筑创作中有意识地注入了文化内涵。无疑，顾老的教育背景为今后的职业生涯奠定了扎实的基础。

2.1.3　曲折坎坷的创作之路

1957年，在全国范围内进行一次反对官僚主义、宗派主义、主观主义的整风运动。这场运动波及建筑界，严重挫伤了广大建筑工作者们的积极性，同年秋天，风华正茂的顾老大学毕业随即来云南工作，到省建设局建工厅任一名普通的技术员，具体从事城市规划。

1958年的"大跃进"带给建筑界"快速设计"与"快速施工"，"人民公社化运动"更是加快了乡镇规划。"快速设计"要求单位及个人改进设计手段加快设计图纸的完成，追求越快越好，"完全违背了设计规律"，作为技术员的顾老在这种盲目追求"快"的氛围中去改进设计手段，更快地完成设计图纸，真正潜心投入的创作很少。诚然，社会的氛围并没有创造有利的条件，但顾老彼时开始感知云南，足迹遍及省内，如大理、丽江、宣威、开远等城市，而且尽可能在工作中做一些城市规划的探索。

1962年，他来到云南省设计院从事规划及建筑设计，希望能在建筑上进行一些探索。

1966年底，"文化大革命"开始后全国形成了新中国成立后最动乱的局面。正常的建设基本停顿，全国的设计单位也基本瘫痪。"广大的设计工作者，特别是资深的技术人员和领导干部,他们被指为'反动学术权威'和'党内走资本主义道路的当权派',几乎毫无例外地受到冲击。"①此时,国内与国外基本隔绝,国内的建筑创作处于一种荒漠状态。由于创作的桎梏,顾老更多地潜心研究云南本土建筑及其文化,常常扎根于民间,从民居中不断地吸收养分,并且参与了由原云南省建筑工程厅组织的对云南少数民族建筑进行的大规模调查研究的后期工作,担负了《云南民居》和《云南民居——续篇》两部专著大量的出版工作。这对于顾老后来的建筑创作关注地域要素起到了促进作用,更重要的是自发地形成了一种本土意识。

1978年,中国共产党十一届三中全会的胜利召开结束了十年的"文化大革命"。"在建筑界,以批判'四人帮'的罪行为契机"②,建筑师的思想得到了解放。国家开辟了对外交流渠道,许多建筑团体和个人出国考察与学习,国外的著名建筑师也纷纷来到中国。此外,老一代建筑师的研究成果以学术著作的形式得以面世。一时间,建筑界涌现出一股探索的热潮。

这一年,顾老任云南省设计院副院长并分管勘察设计技术工作。1979年大连召开了全国勘察设计工作会议,会上提出了"繁荣建筑创作"的口号。顾老重新燃起对建筑的希望,以饱满的热情积极参与建筑创作的各种活动中。

"文化大革命"后的1980年10月18至27日,中国建筑学会在北京召开了第五次全国会员代表大会及学术年会。这次大会以全国第五届人大三次会议为契机,发扬民主、立志改革。出席会议的中青年建筑工作者以顾奇伟为代表等20人在会上呼吁全国的中青年建筑师为促进建筑学术的繁荣,要用学术上的新见解、新创作来促进建筑创作的发展。希望中青年建筑师团结起来,加强学术交流,提高自身的创作水平。为繁荣创作,使中国建筑立于世界建筑之林而负起重任。

为加强全国中青年建筑师的学术交流,并进一步提高现代中国建筑的理论与创作水平,1983年11月22日在南京,于中国建筑学会第六次代表大会期间,以顾奇伟为代表等六人议定,以工作在理论研究和创作第一线的中青年建筑师为主体,着手组建"当代中国建筑创作研究小组"。

1984年,顾老任云南省城乡规划设计研究院院长一职,并致力于城市和建筑设计、研究的管理和创作。身为院长的顾老有着强烈的责任感和历史使命,为成立"当代中国建筑创作研究小组"积极奔走。小组于同年4月在云南昆明正式建立,初创小组共23名成员,多数是设计单位崭露头角的建筑师,小组还通过了《当代中国建筑创作研究小组公约》和《当代中国建筑创作大纲》。顾老参与筹备的创作研究小组属于民间的群众性建筑学术团体,具有学术层次高、纯学术的特点。后来的事实证明,它推动了我国建筑创作的繁荣,活跃了建筑创作的气氛,

① 邹德侬. 中国现代建筑史[M]. 北京:机械工业出版社,2003,3:85.
② 邹德侬. 中国现代建筑史[M]. 北京:机械工业出版社,2003,3:100.

提高了我国建筑创作的整体水平，在国内建筑界享有良好的声誉，具有广泛的影响。

这期间，顾老积极地探索有着地域特色的现代建筑，并有一系列的建筑作品问世，其中比较有代表性的有：泸西阿庐古洞洞外景区、玉溪聂耳公园、昆明北京路商业步行街等作品。

到了20世纪90年代初，一场经济体制改革席卷了大江南北，"开始了计划经济向'社会主义市场经济'转型，市场机制的作用得到迅速地扩大"[①]，建筑设计的市场逐渐形成。建筑领域，全国范围内进行设计竞赛及方案投标，加之1995年实行的建筑师注册考试，极大地鼓舞了建筑师的创作热情。顾老也积极地进行建筑创作，并有作品获奖。随着改革开放的不断深入，中国加入世界贸易组织的成功，西部大开发进程的逐步加快，许多建筑师都在反思建筑千篇一律的现象，把目光投向地域建筑。顾老在云南一直潜心研究云南的地域特色，并自觉地形成了一种本土意识，而且把这种意识体现在创作之中。

2.2　探求现代建筑的地域性

现代建筑源于西方工业化国家，随着西方强势的经济文化一起来到中国。20世纪初，一方面西方现代建筑体系输入中国，开启了中国学习西方现代建筑之门；另一方面，留学归国的中国建筑师，主动接受了西方现代建筑的洗礼，开创了中国现代建筑教育的先河，使现代建筑在中国站稳了脚跟。

20世纪50年代，当苏联来华援助实行第一个五年计划的时候，也带来了"社会主义内容、民族形式"的建筑热潮。民族形式从探索大屋顶开始到向民间建筑取经再到后来的注重新功能、采用平屋顶的简约形式，形成了早期的"地域式"。这里所谓的"地域式"，是指去掉官式的纪念性，采用民间建筑形式和平屋顶的简约形式。这是建筑地域性探索第一次浪潮，正值顾老大学期间，他参与了李德华老师的教工俱乐部。地域建筑探索的高潮加上李德华老师学贯中西、突出建筑的灵性和亲和感，使顾老对早期的现代地域建筑有了初步的认识，并在脑海里意识到建筑的地域性应该与地域文化有着紧密的联系。

到了20世纪60年代"大跃进"之后，经济衰落，大规模的建筑活动已力不从心。而地域性建筑一般规模不大，可用地方材料，发挥设计技巧与当地的自然条件相结合，可以在花钱不多的前提下完成比较有品位的作品。于是在经济大萧条的时代出现了一缕地域性建筑的春光。这个时期的地域性建筑，上承民族形式后期的地域性倾向，下启"文化大革命"中地域建筑的高潮。而此时，顾老已来云南工作。由于云南地处西南边疆，远离中原，经济较之内地更加萧条，建筑活动更少，而在全国其他地方尤其是岭南地区出现的一缕探索地域性建筑的春光在云南则显得更加微弱。尽管如此，顾老仍然积极浸润于云南文化，为以后的地域建筑创作打下基础。

"文化大革命"期间，全国各地处于无序的管理状态，为分散在全国各地的建筑师留下了一线创作的缝隙。下放到地方或有创作机会的建筑师，在自己的创作中，反映出强烈的地域性。这种地域性既反映了当地的自然条件和风土人情，也表达了建筑师对国情的理解。顾老也抓住这难得的创作机会进行了有限的实践，如云南省计委办公楼设计、昆明云南省交通学校设计、昆明市南窑汽车客运站设计等。

进入20世纪80年代，地域建筑的探索成了繁荣创作的重要内容。建筑界、规划界对"千篇一律""千城一面"的现象进行了前所未有的思索。顾老在思索中总结出：建筑要摆脱以前形式的缰绳，不拘泥于风格、流派，要创造出满足现代功能要求，符合当地自然条件与社会条件的现代地域建筑。顾老也做了大量的创作实践，其中尤以阿庐古洞景外区规划设计等一批为代表性的作品。

国家实行西部大开发战略以来，西部重新焕发生机。西部如何发展？西部建筑又该何去何从？身在西部云南的顾老也意识到：西部较之东部落后，云南较之西部发达的省份更落后一步。在落后的地域建造与发达地区相同的建筑是不现实的，只有十分清醒地认识到自身的现实情况下，因"情"制宜地进行本土化创造，才会创作出与东部建筑同等地位的地域建筑。但这种认识，还需要对西部尤其对云南当下现实问题的思考，把云南不同于其他地区的独特性和差异性表现出来，并融入建筑创作之中，形成一种自觉的本土意识。

2.3 文化思想的源泉

2.3.1 对"从急躁到浮躁再到狂躁"的思索

改革开放初期，国家把重点转移到经济建设这一中心上。在建筑领域，大量的设计摆在建筑工作者面前，为了迅速改变设计无创作的局面，许多建筑工作者在对现代建筑似通未通的情况下，急急忙忙地对后现代建筑进行短期培训、囫囵吞枣，在建筑设计领域表现出一些急躁。随后，在市场经济的驱动下，建筑市场的逐步开放，一些人提出"从来没见过的""50年不落后""标志性的"等一些诸如此类的要求，一些"新形式主义"的建筑产生了。"建筑界的'新形式主义'，是一种'易操作的行为'，是以最小的代价获取最大利益的社会浮躁心态的普遍反映。"①20世纪90年代，由浮躁进入了狂躁，在房地产大开发中，一股"欧陆风"越刮越盛，一时间琳琅满目的带有"欧陆风情"的名称充斥着城市的大街小巷。这些冠以"欧陆风情"的浪漫称呼的建筑，不论从地理位置或历史时空来看，概念是模糊不清的，它忽视了欧洲古典地域性建筑的个性特征，只是形式上的伪劣模仿，却称雄一时，可谓狂躁至极。

为何东施效颦何其多？为何不去研究传统文化的精髓，不去理解外来文化的要领，不去创造现代中国建筑之新而对中外建筑中的"垃圾"如此感兴趣？顾老在思索中得出答案：除了建筑师客观的强势外，恐怕是取决于建筑师自身建筑文化素养的高低②。

2.3.2　何得文化

在采访中，顾老回忆到：20世纪50年代初，顾老和其他几位高中同学在苏州一起参加高考，被安排在僻巷残屋住宿。住所由于简陋僻静，胜似《聊斋》园景，心生厌倦，反而对近侧一学校西方柱式感兴趣。等进入大学学了中国建筑史之后，才知道高考小住三天的"聊斋"原来是中国园林的瑰宝——沧浪亭，而近旁学校的西方柱式则是模仿的伪劣品。③高考时对建筑的认识水平使顾老认识到自身文化素养的高低决定着对文化的分辨能力。于是，大学期间顾老除了对专业知识的学习，还做了大量文化素质教育方面的自修，这对于研究建筑的文化背景无疑是有帮助的。只有充分地认识到建筑的文化内涵，才能对建筑进行恰如其分的文化艺术表达。

那么如何去研究文化呢？众所周知，建筑是文化的载体，它叙说着一个国家、一个民族、一座城市的文明进程；它有着自己独特的传统文化，又受外来文化的影响，并不断地在两种文化的交融中发展前进。

1. 正确对待传统文化

中国的传统建筑是世界建筑宝库里的一颗瑰宝。"它与中国的文学、绘画、雕刻有血缘关系，又受儒教、佛教、道教及其他哲学思想的影响，内容极为丰富，但鱼龙混杂，难免泥沙俱下。"④继承传统，实质是继承什么？即是继承"人性的精华"，除去"封建性的糟粕"⑤。研究传统文化就是要研究在当时的历史背景下，传统建筑是如何满足当时社会文化、经济技术水平的情况下建造出来的。时过境迁，人们的社会文化习俗在变，经济技术水平在不断提高，自然条件也与过去不同，但一些伪劣的"假古董"仍流行一时。当然，随着旅游经济的迅速升温，那些在旅游度假区根据实际情况，有理有节地恢复重建的建筑不能斥之为"假古董"。

① 邹德侬. 中国现代建筑史[M]. 北京：机械工业出版社，2003, 3: 133.
② 顾奇伟. 关于建筑文化的思考[J]. 新建筑，1999 (1): 63.
③ 顾奇伟. 关于建筑文化的思考[J]. 新建筑，1999 (1): 63.
④ 周卜颐. 周卜颐文集[M]. 北京：清华大学出版社，2003, 9: 149.
⑤ 周卜颐. 周卜颐文集[M]. 北京：清华大学出版社，2003, 9: 149.

2. 科学对待外来文化

如果说"假古董"的流行是对中国传统文化的不求甚解；那么，"洋古董"的盛行则是对外来文化的一知半解，是对外来文化不假思索地实行全盘"拿来主义"的结果。目前，盛行的"欧陆风"就是最好的例子。这类"欧陆风"要么简单地使用西洋古典建筑的线条或其构件，要么建筑体量照其西洋建筑划分，要么在群体设计中追求雄伟的古典构图，并冠以浪漫的"欧陆风情"名称，但缺乏真正与西洋古典建筑同等的美学特征，多数情况下只是一种简陋的模仿。对这样的外来文化我们当然予以嗤之以鼻，更何况就连西方也在反思这样的"复古主义"。

诚然，外来文化确实有着让我们学习的地方，比如先进的建造技术，丰富多样的现代建筑理论等。运用这些先进理论技术，结合国情，就能转化为对中国建设有利的文化，对这样的外来文化，我们当然要"拿来"，而且要"多拿"。

3. 构建自己的本土文化

文化，重点在于"化"，它是随着历史的进程不断变化的。随着经济的迅猛发展，地区间的差异逐渐缩小，世界文化呈某种趋同的态势。但与此同时，传统文化和民族意识越发显得突出，在各种文化相互交融的过程中逐渐产生了新的本土文化。一方面，本民族原有文化在外来文化的冲击下得到了更新；另一方面，外来文化在本民族和本地域的特殊条件下产生了"折射"，形成了新的本土文化。本土文化提倡符合各地、各民族的"以我为主"的多元文化的交融，提倡古为今用，洋为中用。

云南省一直在努力把自己建成民族文化大省，而"传统的城镇及城镇建筑文化早就是民族文化大省的组成体了"①。但是，当外来文化进入这片土地时，却出现了不少的劣作，克隆之风盛行，"张冠李戴，李冠张戴，昆明戴了地洲戴，一直戴到县、镇、村"②。这种情况在云南如此普遍，既然传统文化也有了，外来文化也来了，为何还出现这种现象？问题在于没有形成云南本土文化，即立足于云南省的省情，合理地为当地人建造的意识，在建筑上融入一种有生命力的本土文化，这需要建筑师去探索、去创新，更需要有识之士和社会的推动力。

2.4　建筑创作的价值观

顾老的建筑创作就是要追求现代本土建筑创作观，所谓现代创作就是力求创新，而本土创作就是要体现其地域特色。为此，我专门采访了顾老。

① 顾奇伟. 缺失了本土
文化的城镇能建成民族
文化大省吗? [J]. 城市规
划汇刊, 2005 (4): 17.
② 顾奇伟. 缺失了本土
文化的城镇能建成民族
文化大省吗? [J]. 城市规
划汇刊, 2005 (4): 17.

　　笔者：在当今多元建筑流派并存下，为什么要走现代建筑创作之路呢？

　　顾老：就拿中国的汉字来说，汉字从甲骨文的象形起始，经历了秦篆、汉隶、唐楷最终走到了现代的简化字。建筑创作也一样，不可能回到以前的传统的木结构建筑，最终还是要回到现代建筑的创作上来。曾几何时，后现代建筑宣布"现代建筑死亡了"，这着实让大家吃了一惊。其实所谓的后现代建筑是对现代建筑的一个补充，是现代建筑这棵大树长出的新枝，是一脉相承的。

　　笔者：那么如何坚持现代建筑创作呢？

　　顾老：现代建筑创作就是要创新。为什么称现代建筑为"国际式""千篇一律"呢？就是因为没有创新，而是到处克隆。当然，创新并不是标新立异，而是与实际的地情、人情相适应。在这里，我要提到的是统一规划与统一设计对建筑而言相当重要。现在，就建筑创作而言，很多人重设计轻规划、重单体轻环境，这种做法根本谈不上创新。规划对建筑有指导作用，建筑对规划有深化作用……

　　从顾老的谈话中可以看出，他的建筑创作的价值观包括了创新观、整体观、地域观，其中整体观指的是群体规划与单体设计的整合。创新是目标，整合是手段，地域因素是条件。坚持现代本土建筑创作，就是要把地域因素通过合理的整合，以创造出当今时代有地域特色的现代本土建筑。

2.5　建筑教育观

　　顾老于20世纪90年代起兼任昆明理工大学（原云南工业大学）建筑学系客座教授。他对建筑教育也有着自己独到的认识。顾老从自身当年学习建筑以及实践建筑的经历中，认识到建筑教育一定要重视文化素质的培养（图2-1）。

　　顾老曾在《关于建筑文化的思考》一文写道："而今，伪劣古董和'欧陆风'的推行者，尽管他们其中大多数有着高学历和各自的专业知识，但其文化素养充其量也只是一个普通高中毕业生的水平。高学历不等于高文化素养。同样读了建筑学，干了几十年的建筑设计，是否就对建筑文化有了很好的认识，建筑文化的素养就那么高了吗？因为对建筑文化的理解，不决定于有无建筑专业知识，而在于文化素养的高低。"[①]顾老在字里行间中透露出"文化素质的培养在建筑教育中占有极其重要的地位"这样一种教育观。更何况建筑本身也有自己的文化气质的外显特征，也能体现出是质朴亲和的，或是浅薄轻佻的不同的建筑品格。文化素质的高低影响所表达建筑品格的高低，缺乏文化素养就谈不上建筑创作领域里的创新。同样，建筑决策者文化素质的高低也左右着本土建筑创作水平的高低。

① 顾奇伟. 关于建筑文化的思考[J]. 新建筑，1999（1）：63.

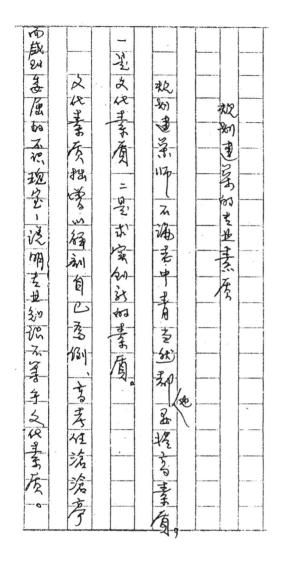

图2-1 顾老写的文化素质修养
（图片来源：顾奇伟提供）

因此，现在的建筑教育要重视文化素质的教育，早日培养高文化素质的建筑师和决策者，为本土的建筑创作多添精品。

2.6 本章小结

顾老的一生无疑是丰富的，在多年的职业生涯中更加坚定了现代本土建筑的创作之路，也清楚地认识到文化修养在建筑创作中的重要地位。顾老的一生是不断提高自我文化素质的一生，是积极探索创新精神的一生。正因为如此，顾老在自己的职业生涯中不断地发展进步，才能站得更高、看得更深、走得更远。

第三章　丰富多彩的建筑创作

顾老从1957年踏出大学校门，到云南一直从事城市规划、建筑设计研究工作，至今已有60多个年头了。在这60多年的时间里，顾老所做的工程项目和方案非常之多，涉及的范围也相当广泛，从城市的总体规划到旅游度假区规划再到住宅小区规划，从民用建筑到工业建筑再到雕塑设计，从广场设计到室内装修设计，处处都能看到顾老留下的身影。60多年里，顾老形成了自己一套独特建筑创作手法及设计理念。前面笔者已从顾老的人生经历和时代背景对其建筑生涯做了时间段的划分。下面从他走向工作岗位后从事的建筑实践，根据其作品的特点再次进行时间段的划分，大致可分为三个阶段：第一阶段从1957年到1979年，是他创作的初期阶段，笔者认为可将其称之为"灰色时期"；第二阶段从1980年到1998年，是他创作的中期，笔者称之为"红色时期"；第三阶段从1999年至今，笔者则认为是他创作的"常青时期"。

3.1　灰色时期（1957～1979年）

灰色在《辞海》里是这样解释的，是"介于黑与白之间的颜色"[①]。灰色少了一分黑与白的纯净，而多了一些复杂。1956年，社会主义三大改造完成后，新中国开始进入社会主义建设探索时期。顾老建筑生涯的第一段时期的设计与其所处的社会环境密不可分。

1957年是第一个五年计划完成时期。在新中国成立初期的三年中，主要是建立和巩固政权，进行一些清匪反霸、土地改革、三反五反运动，目的是医治战争创伤，恢复国民经济，但建设甚少。到了1953年，国家开始实施第一个五年计划，建设量成倍增长，设计任务也飞快增多，在突如其来的情形下，设计人员在数量和质量上均难以适应建设的需要。由于忙于完成任务，一般都很少作方案比较，设计质量和设计水平都不高，也谈不上建筑创作。虽然1956年中央提出了在文艺上"百花齐放"，在学术上"百家争鸣"的双百方针，但1957年开展的"反右"斗争又批判过一些建筑，导致广大的设计人员在建筑设计中仍处于左右摇摆、不知所从的难堪境地。

1958年5月，正是顾老走向工作岗位不到一年的时间里，全国掀起了"大跃进"和"人民公社"运动。1958年初还开展了"反浪费""反保守"运动，其中《人民日报》社论刊载的《火烧技术设计上的浪费与保守》一文中说道：

"现在反浪费、反保守的火焰正烧向技术设计部门……

为了贯彻多快好省的方针，扫除设计中的各种浪费现象，必须坚决地同各种落后思想作斗争。长期以来设计工作中强调保险系统和墨守成规的思想是十分严重的……他们只看到有了保险系统在工作中才有保证，而没有了解过大的保险系数，实际上就是浪费和保守的反映。

设计工作中另一种落后思想是个人'杰作'思想。这种思想在建筑设计部门最为突出，有些建筑设计人员为了追求个人杰作，树立个人纪念碑，个人欲望压倒一切，把国家建设方针置于脑后。

因此反浪费、反保守的斗争，在设计部门中，不能不是一场无产阶级设计思想和资产阶级设计思想的尖锐斗争。"①

"反浪费""反保守"在建筑创作中本应该值得提倡，但这一斗争的性质显然已变质成了一场阶级斗争，从而又进一步禁锢了设计人员的创作思想。再加上"人民公社"运动带来的"快速规划""快速设计""快速施工"片面地强调多、快、省，忽视了质量并打破了正常的基建程序，实行"边勘察、边设计、边施工"②的"三边"方法。到了1961年，国民经济遇到严重困难，三年的自然灾害使国民经济陷入混乱，苏联突然停止对华的援助更是雪上加霜。严峻的政治形式和混乱的经济状况，使中央实行"调整、巩固、充实、提高"的"八字方针"③，大力压缩基建，精简机构人员，顾老所在的建工厅也同样如此。这一时期的建造活动也特别少，较之"一五"计划时期，设计的状况没有得到根本的转变。

到了1964年的设计革命，强调"政治挂帅"落实到思想革命化上，而不是技术业务上，一场建筑领域的设计革命又沦为阶级斗争的武器，建筑师无辜地被扣上"封（封建主义）、资（资本主义）、修（修正主义），洋、怪、飞"的代名词，被横加指责与批判，全国的建筑活动再次陷入了低谷。1966年发动长达十年的"文化大革命"更是恶化了这一局面。十年的动荡造成了打倒一切、生产瘫痪、建设停顿的混乱局面。"设计单位的领导和技术骨干，被打成'走资派''反动学术权威'而靠边站……云南民居的调查报告和发表的论文，被批为'为地主阶级树碑立传'的大毒草。"④总之，这一时期，建筑设计遭到了空前的灾难，以"政治挂帅"代替业务技术、以长官意志代替规章制度、以设计方针代替设计理

① 邹德侬. 中国现代建筑史[M]. 北京：机械工业出版社，2003，3：63.
② 邹德侬. 中国现代建筑史[M]. 北京：机械工业出版社，2003，3：64.
③ 邹德侬. 中国现代建筑史[M]. 北京：机械工业出版社，2003，3：81.
④ 陈谋德. 云南建筑设计四十五年——论云南当代的建筑创作[J]. 云南建筑，1994（1-2）：12.

论，从而导致建筑创作、建筑理论沦为禁区。

这一系列的社会动荡给顾老的建筑创作蒙上了一层灰色的阴影。20世纪50年代末至60年代初，身在云南省建设局建工厅的顾老，按照国家城市建设部的要求对全省近20个重要城市进行粗线条的总体规划，丽江就是其中之一。随后，顾老便到云南省设计院从事建筑设计，由于社会条件的限制，完成的实际项目很少，只有70年代末完成的昆明经委办公楼、云南省交通学校、昆明市南窑汽车客运站等少数项目。

3.1.1 早期城市规划探索

1958年，顾老首次对丽江进行了现代化城市规划设计的探索。这一时期的丽江并不为大多数人知道，从一开始规划就一直遵循"保留旧城、另辟新区、向西发展"的原则。保留旧城，就是把现有的有机整体建筑群、联系千家万户的河流水系、亲和的公共空间和街巷邻里空间格局、淳朴的民风民俗完整地保留下来，让古老而不沉郁的旧城重新焕发生机。由于当时名不见经传的丽江古城，并没有引起学术界的广泛注意，因此，对旧城还只是"保留"而未达到"保护"的高度。在当时"破旧立新"的思潮下，能保留住旧城就已经弥足珍贵了。旧城的周围，北向是象山山脉延伸的坡地，东边和南边是大片的农田，西濒狮山的另一侧是有待开发的旧城郊区。"另辟新区、向西发展"（图3-1）就是在这样的现实环境中制定的原则。在今天看来，起初的这一规划原则奠定了丽江今天这一城市格局，后经城市发展的实践证明，这一规划原则无疑是正确的。

当时丽江的规划，属于一种粗线条型的总体规划，它只是确定了城市发展的性质规模、发展方向、功能分区和主要的道网结构等。虽然规划提出了保护与发展并举的这一建设性原则，由于社会原因，这一阶段的规划成果对城市建设的实

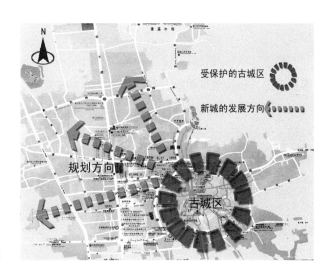

图3-1　早期丽江规划示意图
（图片来源：笔者改绘于丽江地图）

际指导作用是极其微弱的，尤其对处在经济落后的边远城市而言，规划常常被束之高阁，成了"乌托邦"式的"纸上谈兵"。但正是当时提出保留旧城的原则，为今后保护古城创造了有利的条件。另外，也可以这样认为：正是"保护与发展"并举的这样一种认识在丽江等地所获得的成功促进了云南省规划界形成了一种长期的共识。

3.1.2 早期现代建筑探索

20世纪70年代末，国内正在清算"文化大革命"对建筑界带来的不良影响。建筑创作环境有所缓解，此时，顾老在云南省建筑设计院工作，在相对独立的环境内，在亲自执笔和具体的指导中进行了早期为数不多的现代建筑探索。

1. 省纪委办公楼

省纪委办公楼是顾老在"文化大革命"后期设计并建成的较早的现代建筑。当时建筑界内的"设计革命"接近尾声，但残留的思想和"干打垒"精神的影响仍存在，具体措施就是降低建筑建造成本。在这种环境下，顾老设计的办公楼无论是从用材还是从造型体量上都比较简约。简洁的"一"字形平面，线条分明的立面造型，隐约地透视着早期简约的影子。建筑充分考虑了朝向，南向凸出的阳台，为使用者提供了享受阳光滋润和交流的场所，也较好地解决了功能用房之间的横向联系。大楼的入口偏离一侧，避开了对面的拓东体育场主入口，较好地集中解决了大楼的交通功能。正立面白色条形的阳台挡板与由凸阳台形成的灰色空间形成了强烈的对比，凸显了现代建筑的简洁。由于社会背景因素的影响，设计者在力求表现现代建筑整体简洁之时，局部却显得有些简单（图3-2）。

2. 昆明云南省交通学校教学综合楼

云南省交通学校综合楼是由饶维纯主笔，顾老等参与设计并于1976年建造起来的。它继续表现现代建筑的简洁，但这次更加突出了建筑功能的合理性与造型的清新自然。建筑位于昆明郊区昆沙路旁的云南省交通学校内一块长形的凹地内。要在这块凹地内组织教学、实验、办公等多功能用途的建筑并不是一件易事，设计者将教学、实验、办公等功能用房统一于一栋大楼内，而且用连廊连接报告厅，共同组成顺应地形的长条形综合楼，并在立面造型上用横竖线条的板勾勒出现代建筑的简洁（图3-3a、b、图3-4）。露在报告厅外的楼梯，屋顶的片墙隐约看到构成主义的手法（图3-3c）；侧面规则排列的竖向条窗又反映了现代建筑的逻辑性（图3-3d）；由于建筑处在凹地，二楼都用连廊与室外的高地相连，大大提高了出入建筑的便捷性（图3-3e）。此栋建筑较之前栋不论从形体组合还是平面功能上都多了一些丰富的变化。设计者从我国的校园生活的实际出发，以其清新自然、生动朴实的现代建筑型体来展示学校科研教学上求实进取的精神。

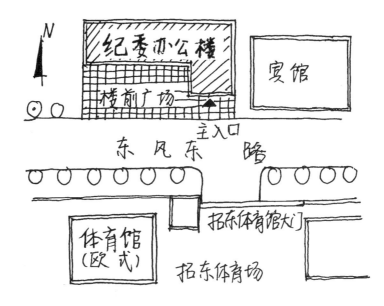

（a）总平面示意图

（b）现状

图3-2 早期的省纪委大楼
（图片来源：a笔者自绘；b笔者自摄）

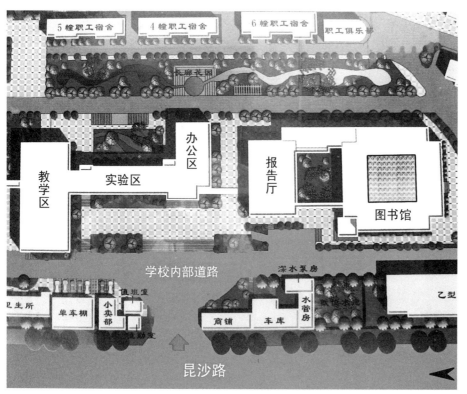

（a）总平面图

（b）现状照片

（c）报告厅外立面

（d）报告厅侧立面

（e）与室外相连的二楼连廊

图3-3　昆明交通学
校现状图
（图片来源：a笔者
改绘于该校的宣传
画；b、c、d、e笔
者自摄）

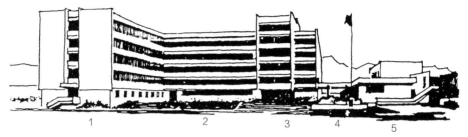

1. 南北向的教室　2. 实验室部分　3. 教职员办公，两个开间的小门厅及入口　4. 连廊作连接楼居的天桥
5. 图书阅览（底层）及阶梯教室（楼层）、屋顶平台

图3-4　昆明交通学校透视图
（图片来源：顾奇伟. 探高逸的建筑品格　求当代中国的时代精神——初探建筑特色[J]. 建筑学报，1984（11））

3. 昆明市南窑汽车客运站

1979年，为了满足城市交通的发展，在北京路南端新建汽车客运站，与火车站隔街相望，共同组成城市的重要交通枢纽。鉴于这一重要性，顾老指导的汽车客运站没有采取旧的"喜闻乐见"的传统形式，而是在满足于现代交通性建筑功能的前提下进行了现代建筑的探索（图3-5）。建筑平面基本呈矩形，半圆形的候车室丰富了平面组合，也满足了现代候车的需要（图3-6a、图3-7b）。建筑西临城市主干道北京路，并"退避三舍"留出一片空地给城市"呼吸"，这是尊重城市环境的表现（图3-7a）。沿街立面是用钢筋混凝土构筑成几个不同白色"盒子"的组合，表面嵌着几条带状的窗户，简单明了，隐约透视着理性的几何规则（图3-6b）。在使用功能上，采取了梳式流程，实行了门位候车、客货分流等，并然有序地安排乘客的购票、候车、乘车，极大地提高了交通运输的效率，满足了现代交通建筑的功能（图3-8）。如果说特色，那就是简约的平面空间布局（图3-7b），明了的立面造型（图3-6），注入了现实生活功能，形成了当时的最大特色。

20世纪50年代末至70年代末，中国先后经历了各种运动，建筑遭到了前所未有的破坏。这个时期，全国的建筑活动进入了低谷，少数建筑师只有在动乱的缝隙中进行极为有限的创作。到了20世纪70年代末，由于受到各种因素的影响，顾老只能在有限的方面进行现代建筑的探索。虽然有些建筑现在看来还不够成熟，但在当时的历史条件下，结合实际进行现代建筑创作已是难能可贵，并为今后的创作奠定了基础。

图3-5 昆明南窑汽车客运站透视图
（图片来源：顾奇伟. 探高逸的建筑品格 求
当代中国的时代精神——初探建筑特色[J]. 建
筑学报，1984（11））

（a）半圆形的候车

（b）现状照片

图3-6 昆明南窑汽车客运站现状图
（图片来源：a笔者自绘；b笔者自摄）

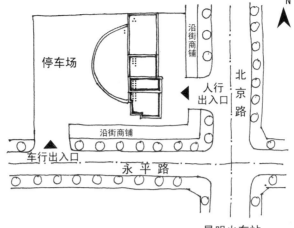

（a）总平面示意图

图3-7 昆明南窑汽
车客运站现状分析图
（图片来源：a、b
邹德侬. 中国现代
建筑史[M]. 北京：
机械工业出版社，
2003，3）

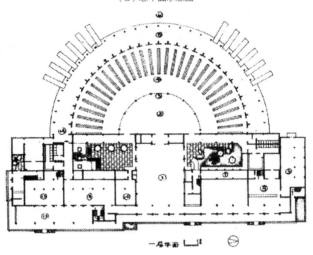

（b）底层平面图片

图3-8 昆明南窑汽
车客运站交通分析图
（图片来源：顾奇
伟. 探高逸的建筑
品格 求当代中
国的时代精神——
初探建筑特色[J].
建筑学报，1984
（11））

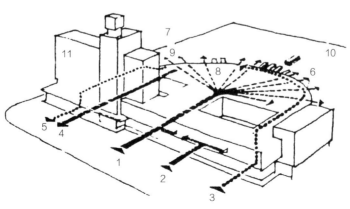

1. 出发旅客
2. 售票
3. 出发行李交付
4. 到达旅客
5. 到达行李
6. 发车位
7. 客车出入口
8. 按班次候车
9. 到达客车停靠位
10. 停车场
11. 驾驶员宿舍及旅馆

3.2　红色时期（1980～1998年）

红色蕴涵着一种炽热、一种奔放、一种激情。《辞海》里还赋予了另一层含义，"表示胜利、成功"[①]。1980～1998年之所以称之为"红色时期"，是因为这一时期是结束了"文化大革命"局面的时期，是一个百废待兴的发展时期，是新中国成立后经济迅速发展带给建筑创作全面繁荣的新时期；是顾老走向工作岗位后直至退休时进行建筑创作最多的时期，更是因为这个时期是百废待兴，期间顾老在创作中表现出的是一种炽热时期，是积蓄已久的创作才情的奔放时期，是顾老用灵性点燃的激情创作时期；这一时期，顾老在建筑创作中体现出了一种多元化，更难能可贵的是，他一直在探索并总结自己的设计理念及创作手法。

1978年的党的十一届三中全会全面地结束了十年动乱的"文化大革命"，进行了一系列的拨乱反正，全面纠正了"文化大革命"期间的"左"倾错误，工作重点重新转移到建设上来。1979年8月，全国勘察设计工作大连会议明确提出"繁荣建筑创作"的口号，也明确地把"建筑设计"提升为"建筑创作"。这次会议对解放思想、加强管理、打破千篇一律、繁荣建筑创作起到了极大的推动作用，也点燃了此时已身为省设计院副院长的顾老的创作激情。带着这份创作激情，顾老参加了1980年召开的中国建筑学会第五次代表大会，这次会议完成了建筑领域里的拨乱反正。会上，顾老还呼吁用实际行动来促进建筑创作的繁荣发展。顾老的呼吁可谓激情澎湃，也预示着顾老的创作历程步入一个火红的年代。

顾老用行动回应着他的豪情壮语，他于1983年11月在南京召开的中国建筑学会第六次代表大会期间，与几位青年建筑师酝酿组建"当代中国建筑创作研究小组"。1984年，顾老担任云南省城乡规划设计研究院院长一职，但他仍然不忘自己的理想和使命，在他为成立创作小组积极奔走的努力下，"当代中国建筑创作研究小组"终于在1984年4月在昆明正式建立。顾老以满腔的热情投身到自己积极筹备的小组中，开始了他红色时期多元的建筑创作。

3.2.1　有招有式

所谓招式，就是"有一定的风格和手法，为匠师们所遵守，为人民所承认，我们可以叫它做中国建筑的'文法'"[②]。这种由'文法'和'词汇'组织而成的建筑形式，一旦经广大人民所接受、所承认、所喜欢，就成了沿用的惯例，最终成为法式。这种招式、法式就成了日后"津津乐道"的"神似""形似"。顾老在一些负责人、业主的要求项目中曾运用这些招式，也在一些特定的环境下进行运用。

① 辞海编辑委员会. 辞海[M]. 上海：上海辞书出版社，1989：1292.
② 邹德侬. 中国现代建筑史[M]. 北京：机械工业出版社，2003，3：48.

1. 景洪市天城商娱城设计[①]

景洪市天城商娱城即商贸旅游步行街，位于景洪北路与嘎兰中路之间。这是一座于"吃、住、行、游、购、娱"为一体的商业中心。西部为相对独立的商城；东部一、二层是带有小型商铺的步行商贸区（图3-9a、b），并配备服务中心和餐饮娱乐中心，三层平台以上是居住区。顾老采用西双版纳的传统建筑招式——傣族民居及佛寺建筑的屋顶，来装饰建筑的外立面（图3-9c、d），并结合现代商业中心的特点进行有效的功能分区及流线组织。应业主的要求，设计者在中心水面上采用了"船"这一具象的建筑元素作为餐饮娱乐中心，营造一种"歌舞升平"的繁闹景象（图3-10）。

2. 云南民族村傣家寨和彝寨设计[②]

20世纪80年代，由于旅游业的兴起，昆明开始兴建云南民族村，它作为云南民族文化大省的一个窗口，向海内外的游客展示云南各少数民族的风土人情及传统建筑文化。顾老在云南民族村设计了傣家寨和彝寨，旨在体现在经济水平比较低的历史条件下傣、彝民族的智慧和创造力，使其具有传统人居环境、群体和建筑的典型性，准确地重现建筑传统，充溢傣家、彝家风情和生活气息，提高文化价值和感染力。

在傣寨设计中，顾老指导付勇祥采用了传统材料和传统的建筑形式：用竹夹板这一原始材料形成早期民居的韵味；一般的建筑仍采用景洪民居干栏形态（图3-11a、b），而陈列室则采用德宏佛寺的形态（图3-11c、d），不同地区傣族建筑形态的运用向游客展示着水傣和旱傣的建筑文化。在环境营造上，设计者精心营造各类生活小品如水井、柴棚、泼水井、钟亭等来构成自然崇拜的寨心这一傣族的内向空间形态（图3-12），并用代表着傣族宗教信仰的白塔控制寨内外的空间领域（图3-11e、f）。此外，设计者在传统的招式上有所创新，傣家村寨本无大尺度风雨桥，设计利用现状桥的结构，创作了传统味浓厚的风雨桥顶（图3-12）。

在彝族寨设计中，因为云南彝族并无约定俗成的典型传统民居，设计者不强行以建筑为主去形成"村"，而是以环境为主形成"乡"——彝乡风貌。以彝族古老的十月太阳历为彝族文化重心，创作图腾艺术形象象征太阳，并以图腾为中心形成广场，将彝族生活中斗牛、摔跤、火把节和对虎与火的崇拜等引入广场，周围配有虎山、虎墙浮雕共同形成彝乡空间（图3-13a）；广场的西北角建造一组彝族的土掌房以充当配角（图3-13b）；设计者以滇中出土文物中的长脊干栏作借鉴创作入口标志（图3-13c）。顾老很好地运用了体现彝族文化重心这一传统招式，将古代科学、艺术、建筑、风情融于自然之中，恰如其分地展现了原汁原味的彝乡风貌（图3-13d）。

① 此方案只有部分实施。
② 彝族寨总体及建筑设计获得1993年省优一等奖、部优三等奖，其大门设计再次获得2002年首届云南优秀特色建筑设计三等奖；傣族寨总体及建筑设计获得1991年省优一等奖、部优二等奖。

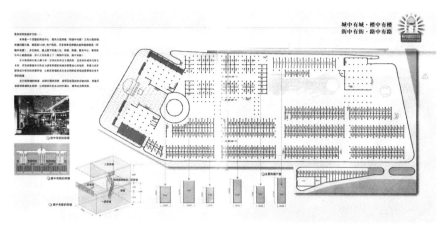

（a）一层平面图

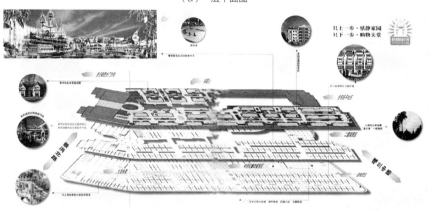

（b）各层平面示意图

（c）北立面图

（d）西立面图

图3-9 景洪市天城
商娱城设计方案图
（图片来源：顾奇伟
提供）

图3-10 具有"船"造型的餐饮娱乐中心
（图片来源：顾奇伟提供）

（a）一般傣族建筑透视图

（b）一般傣族建筑现状图

（c）陈列室透视图

（d）陈列室现状图

图3-11 傣族村寨
内的建筑及小品
（图片来源：a、c、
e《建筑师》编委会
编. 中国百名一级
注册建筑师作品选
2[M]. 北京：中国
建筑工业出版社，
1998, 9；b、d、f
作者自摄）

（e）白塔透视图

（f）白塔现状图

图3-12　傣族寨平面示意图
（图片来源：笔者改绘于《建筑师》编委会编. 中国百名一级注册建筑师作品选2[M]. 北京：中国建筑工业出版社，
1998，9）

（a）太阳历广场

（b）土掌房

（c）彝寨大门

图3-13　彝族寨现
状图
（图片来源：a、b、
c笔者自摄；d笔者
改绘于《建筑师》
编委会编．中国百
名一级注册建筑师
作品选2[M]．北京：
中国建筑工业出版
社，1998，9）

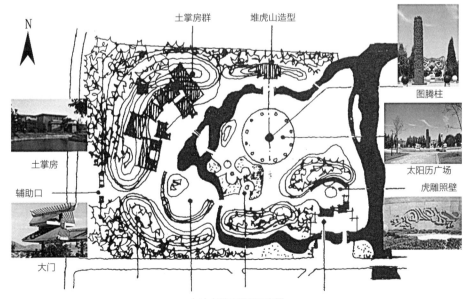

（d）彝族寨平面示意图

对于一招一式的运用，顾老在云南民族村傣寨和彝寨的设计上得到了很好的体现。建成之后受到了广泛的好评，也得到了少数民族的认可，并获得了部优省优奖。这两处村寨的设计在再现传统文化方面有着较高的造诣，在云南建筑界有一定的启示作用。然而，在景洪市天城商娱城及大理渊铺街商住楼等设计上，由于业主的要求，设计者分别采取了传统与欧陆形式这一招式，却显出建筑师的无可奈何。当然，就建筑创作而言，对招式的运用不是追求的目的，尤其是那种"以不变应万变"的招式更是不可取的。只有在特定的环境下，实事求是地运用灵活的招式才是高招、妙招。

3.2.2 有招无式

有招无式指的是"在设计过程中按照实际情况运用所掌握的'招''法'去解决那些特殊问题，使设计成果与社会的需要同步，也使这些'招''法'获得了生命力"[1]。这些"招""法"并不遵循一成不变的某种固有程式，而是因实施"招"。顾老也善于用这种设计手法，并在一些方案的探索中得到实施。

1. 丽江木府衙署重建方案[2]

丽江木府衙署重建方案，曾一度迷惑设计者应建成怎样的明代木府？《徐霞客游记》中所记载的"宫室之丽，拟于王者"这八个字的简单描述（图3-14），是唯一可遵循的文字依据，说明当时的木府是超规格的"王府"，而这一约定俗成的历史认识已流传了数百年。现在重建木府，若按古城的尺度而言，宜小不宜大；若从各界人士心目中认定的"王府"的规模出发，宜大不宜小。暂不论其规模尺度的大小如何，在古城之中重建明代木府，还得用传统木作这一招法不变。根据实际情况，设计者采取了府内大外隐，前院严谨后院亲和的处理手法。

① 顾奇伟，殷仁民. 无
招无式 解脱自我——
关于建筑创作思想方
法的思考[J]. 建筑学报，
1990（8）：33.
② 此方案获云南省1999
年度优秀设计二等奖。

图3-14 徐霞客记于木府照壁的碑文
（图片来源：笔者自摄）

在设计中，顾老一方面把握了木府的整体性，不强求对应古城内现状建筑错折的轴位，而是突出木府自身的秩序，这是作为"王府"所必须的（图3-15a、b、d）。另一方面，顺应古城的建筑肌理，尊重古城街巷现状，同时为方便居民及游客通行，将木府分成两大部分，之间以小尺度的过街廊相连接，使木府与古城的街巷有机交融；并以驿馆、民居、府第等小尺度建筑作为衙署楼阁与古城整体空间尺度的过渡，把尺度较大的衙署楼阁隐于古城之中，从而缓解作为王府象征的衙署楼阁与民居空间尺度之间的对比与反差。在环境营造上，把活水引进木府内外，使之与古城水系一脉相承（图3-15c、图3-16）。作为博物馆，整个木府都采用传统的木作修建，其目的是展示地方传统中兼容并蓄的木作建筑工艺，使"假古董"具有传统工艺的真价值。

2. 昆明春苑小区规划设计

在小区规划设计中，设计者强化"邻里院落"这一招法，去打破习以为常的"小区—组团—居住组"的三级形态模式。而"邻里院落"这一招法主要采用几栋住宅，以不同的组合方式，形成一定合适规模、空间较为完整、便于管理，并有良好日照和绿化设施的活动交往空间。"邻里院落"的引进是要找回日益淡漠的人际交往，构建我们现在所说的"和谐社区"（图3-18）。

规划设计过程中，设计者曾进行了大量的调研访问，发现常规的组团级小区模式有诸多弊端，如组团级公共绿地及公共设施少，利用率低而且易损坏；居委会人员少且年事已高，难以超负荷承担公共设施的维护与管理；居民在自己的住所前后活动的频率较高，希望有良好的交往休息环境，特别是老人小孩更需要。根据这种实际情况，规划设计了统一多样的邻里院落（图3-17）。"统一"在围而不合的半公共空间内，便于通风与疏散；"多样"在于组合院落的形态不一，有结合高低错落有致的长方形邻里、半封闭的梯形院落、多角院落、自由式邻里等多种组合方式。每个院落都有自己的识别性，使居民油然而生一种归属感和领域感。为了满足居民公共交往和休息的私密性需要，更好地解决公共设施的维护与管理，小区以中心绿地为核心，在方便居民的前提下，将公共设施尽可能靠拢核心以便于管理和维护，形成向内开敞以绿化为主的大空间便于居民的公共交往，并将这一空间渗透到每个院落，形成一个公共空间（中心绿地）—半公共空间（邻里之间）—半私密空间（邻里院落）—私密空间（住宅单元）这样一个逐步加强的收、放、抑、扬的空间层次，以满足不同居民的不同需求（图3-18a、b、c、d、e）。在建筑设计上，考虑到云南省的经济水平，大量的住宅建筑还是采用平顶，少部分做了削坡和退台处理。公共建筑则从云南民居中提炼符号加以点缀（图3-18f）。

（a）鸟瞰图

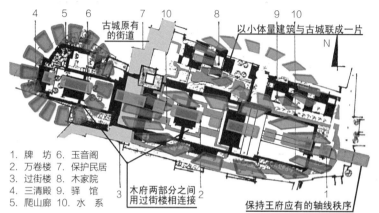

4　5　6　　　7　10　　　8　　　9　10

古城原有
的街道

以小体量建筑与古城联成一片

N

1. 牌　坊　6. 玉音阁
2. 万卷楼　7. 保护民居
3. 过街楼　8. 木家院
4. 三清殿　9. 驿　馆
5. 爬山廊　10. 水　系

木府两部分之间
用过街楼相连接

保持王府应有的轴线秩序

（b）木府平面分析

突出木府本身的轴线

小体量的建筑群作为木府与古城的过渡

（c）融入古城的木府

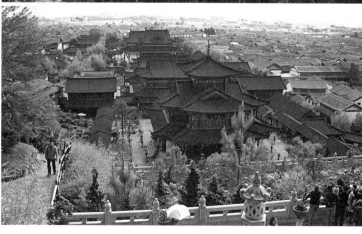

（d）凸显自身秩序
的木府

图3-15　木府鸟瞰
及分析图
（图片来源：a顾奇
伟提供；b笔者改绘
于顾奇伟提供图片；
c、d笔者自摄）

三清殿

护法殿　　　　　　玉音阁　　　　　　　　　　议事厅

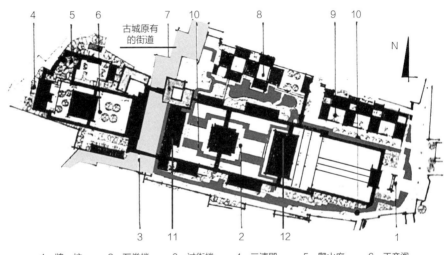

1. 牌　坊　　2. 万卷楼　　3. 过街楼　　4. 三清殿　　5. 爬山廊　　6. 玉音阁
7. 保护民居　8. 木家院　　9. 驿　馆　　10. 水　系　　11. 护法殿　　12. 议事厅

爬山廊　　　　　　　万卷楼　　　　　　　入口牌坊

图3-16　丽江木府现状图
（图片来源：笔者改绘于顾奇伟提供图片）

1. 低层独院住宅　　6. 办事处
2. 自行车棚　　　　7. 派出所
3. 托　幼　　　　　8. 变电站
4. 小　学　　　　　9. 水　塔
5. 文化站　　　　　10. 煤气调压站

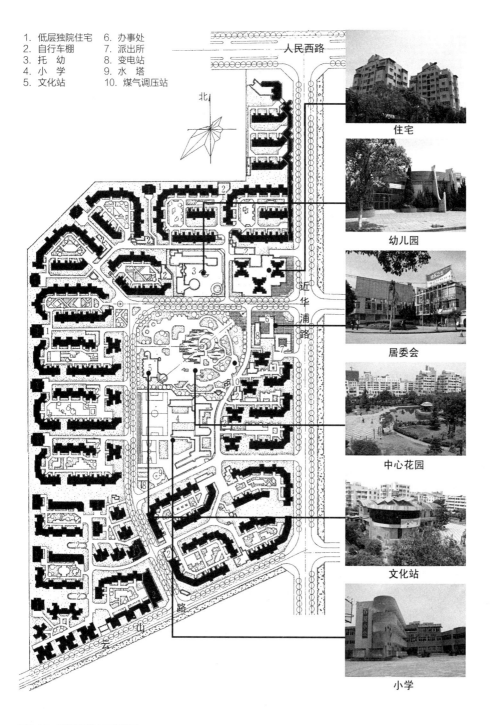

住宅

幼儿园

居委会

中心花园

文化站

小学

图3-17　昆明春苑小区现状图
（图片来源：笔者加工于　陈文敏，顾奇伟. 生活之树常青——昆明春苑小区的环境规划设计[J]. 建筑学报，
1996（7））

（a）整个小区的公共绿地　　　　　　　　　（b）邻里之间的公共绿地

（c）带有地方图案的住宅　　　　　　　　　（d）住宅单元的私密空间

（e）邻里院落内的公共绿地　　　　　　　　（f）具有云南特色的居委会

图3-18　春苑小区实景
（图片来源：笔者自摄）

3. 重建金马碧鸡坊群体设计方案①

20世纪90年代，在"文化大革命"中被毁的金马碧鸡坊计划要重建。由张辉执笔，顾老支持并参与了这一方案的构想。金马、碧鸡两座牌坊位于金碧路这一城市主干道上，而且对称于城市的中轴线正义路，共同构成了昆明城具有浓厚历史文化的片区（图3-19）。由于城市交通的发展需要，金碧路将要拓宽而且要绕开金马、碧鸡两座牌坊的原址。此外，牌坊周围的建筑也要重建，周边的环境、空间、尺度都要发生变化，唯一不变的是两座牌坊的位置及其自身的文化价值，以及城市的中轴线。如何应对变与不变去重建这一名胜古迹周围的群体建筑环境呢？通常的做法是要求建筑体现民族特色、地方特色。但是这样一来，周围大体量的建筑一旦特色浓郁就会突出自我，有喧宾夺主之嫌，反而使有特色的金马碧鸡坊黯然失色而沦为起配角作用的点缀小品。倘若如此，就会降低两坊的历史文化价值。顾老一反这常规的招式，另辟蹊径，强调不变，弱化变的因素。他在正对城市中轴线上的建筑进行了简化、隐退等处理，用镜面玻璃幕墙装饰主立面，让历史上"金碧交辉"的景象在幕墙中重演，同时又让两坊的胜迹和城市的中轴线在镜面中延伸。此外，为突出金马碧鸡坊和往日金碧路的历史文化价值，按照传统街道的空间尺度，局部抬高地面并以石板作地面，两边以绿化为"墙"，在大空间中"恢复"一个观赏休息的"传统"空间。设计者的这一做法较为大胆，兼顾了现代与传统、虚与实的对比，更重要的是尊重了这一片区的历史环境（图3-20）。

顾老的"有招"实际上是要体现建筑的某种内在规律：如在丽江重建木府设计中，既要寻求明代木府建筑的历史规模也要符合丽江古城现状肌理这一规律；在昆明春苑小区规划设计中，规律性则更加明显，即统一在"邻里院落"之中；

① 此方案为首选方案，但最终未能实施。

（a）50年代金碧坊街巷空间

（b）顾老绘50年代金碧坊

（c）50年代金碧坊位置

图3-19　20世纪50年代的金碧坊（图片来源：a昆明市规划设计研究院内部资料；b、c顾奇伟. 无招无式　解脱自我——关于建筑创作思想方法的思考[J]. 建筑学报，1984（11））

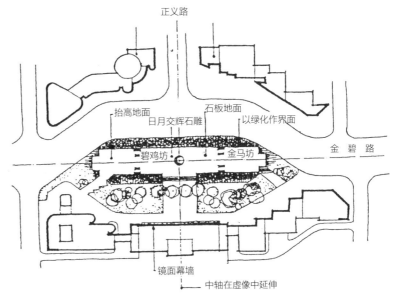

（a）重建金碧坊方案总平面图

（b）金碧坊现状图

（c）重建金碧坊方案透视图

图3-20　重建金碧坊方案与现状
（图片来源：a、c顾奇伟. 无招无式　解脱自我——关于建筑创作思想方法的思考[J]. 建筑学报，1984（11）；b笔者自摄资料）

在重建金马碧鸡坊群体设计方案中，力求重现两坊的历史文化价值这一规律。所谓"无式"就是不按常理出牌，而起到意想不到的效果。丽江重建木府，既不完全按明代"王府"要求重建，也不完全依附现有的丽江古城；昆明春苑小区舍弃"小区—组团—居住组"的三级形态模式，重新找回了淡漠多年的人际关系；重建金马碧鸡坊，隐退建筑重两坊，真正起到重建作用。这种"有招无式"的创作手法显示出了生命力。

3.2.3 无招无式

"'无招无式'的提法当然不是什么招式也没有的虚无妄来，更不是毫无客观依据的'玩招弄式'，一项设计不可能都是新招，其要旨是不把已有的招式放在首位，不受任何招式的束缚，使自身从固有的招式中脱出身来，从'卖弄'、'玩弄'厮守招式的'自我'中解脱出来，面对新情况，解决新问题。"①菲利普·约翰逊也主张"无招无式"，他认为："法则是没有的，只有事实。没有程式，只有偏爱。必须遵守的规则是没有的，只有选择。"②顾老的"无招无式"就是实事求是，达到"无招胜有招"的境地。

1. 玉溪聂耳公园③

玉溪聂耳公园的规划设计突出了环境的深层文化内涵，是以环境建筑特殊因素时空观为主线的一次创作实践，是从中国现代音乐先驱聂耳的精神气质出发，创造出的一个具有纪念性而又轻松的游憩、娱乐环境。公园入口处理颇具匠心，入口偏离城市中轴线，而将四个高拱券标志对应着聂耳雕塑与城市中轴，不从中轴入而从旁门绕，这是崇拜聂耳的表现，也达到了城市空间向公园纪念区延伸，同时使纪念气氛向城市自然敞开，使公园的小环境融入城市的大环境中的效果（图3-21）。公园内的小品如茶室区的桥头标杆、垂钓区的渔棚、船坊等显得质朴亲切；线条轮廓明显的陈列馆、茶室又显得刚健清新；公园内的入口、风雨桥、亭子既体现滇文化的内涵又显得生动明快；雕塑纪念区层层叠叠的琴台透露着对聂耳的敬仰，形成了一种文化的认同感。设计者从纪念聂耳为民族兴亡的革命开拓精神和体现聂耳热情奔放、直率开朗、富有朝气的性格出发，在不脱离历史、地方文脉的新文化气息情况下体现公园质朴亲切、刚健清新、生动明快的时代特征（图3-22）。

设计有意识地提取有意义的环境语言及主题，唤起群体文化的认同，从而烘托聂耳平凡而伟大的一生。这里有表层的"模仿"和深层的"隽取"。前者以具有认同感的建筑语言如聂耳的雕塑等，再现场所的意义，给人以内心的震撼力；而后者又深具滇文化的内涵，经重构、变形、模拟及引用的处理，创造了新的符号如环境小品，给人以深刻的印象。

① 顾奇伟，殷仁民. 无招无式　解脱自我——关于建筑创作思想方法的思考[J]. 建筑学报，1990（8）：37.
② 陈谋德. 云南建筑设计四十五年——论云南当代的建筑创作[J]. 云南建筑，1994（1-2）：20.
③ 玉溪聂耳公园总体及建筑设计获1988年部优三等奖。

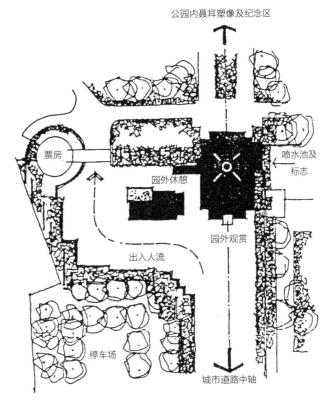

公园内聂耳塑像及纪念区

票房

园外休憩

喷水池及
标志

园外观赏

出入人流

停车场

城市道路中轴

（a）聂耳公园主入口平面图

（b）聂耳公园主入口

图3-21　聂耳公园主入口
（图片来源：a顾奇伟. 无招无式　解脱自我——关于建筑创作思想方法的思考[J]. 建筑
学报，1984（11）；b笔者自摄）

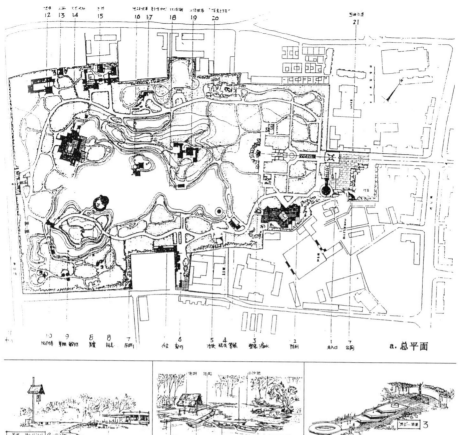

a. 总平面

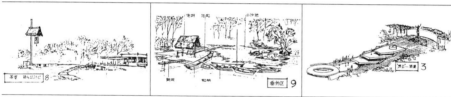

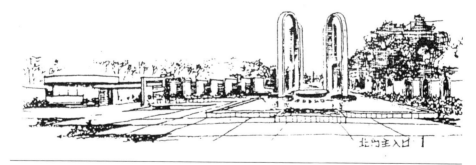

北门主入口

图3-22 玉溪聂耳
公园总平面及小品
建筑
(图片来源: 孙茹
雁. 地域旅游环境
与开发——兼论云
南旅游开发特点[D].
南京: 东南大学,
1994, 6)

2. 大理蝴蝶泉景区蝴蝶馆

蝴蝶馆的设计充分尊重了地域环境，从构思草图（图3-23a）到方案成图都体现了形象创造上的独具魅力，是一个环境再开发的实例。设计者从整体环境上把握了其空间环境的地位，在不规则的坡地上重新开辟另一条环路，与原有的旅游线路连成一体，既丰富了整个景区的旅游环境层次，又体现了环境弹性的旅游特征（图3-23b）。在单体设计上，并没有沿用大理民居形式，而是更多地尊重环境的自然性，如地形的变化、山泉潺潺、蝴蝶飞舞等，建筑因自然要素的独特性而展现特有的韵律感（图3-23d）。设计的构思来源于翩翩起舞的蝴蝶这一自然要素，以山泉作引导并结合地形，创造了独特的环境特征，同时将建筑融入这一空间环境之中。具体做法是采用小体量的厅室、小尺度的反弧墙围合而成动态空间，组合成顺地形的单元，流畅的造型处理加上局部采用大理白族建筑飘逸的门头处理，不仅体现了蝴蝶馆的建筑特征，也体现了人与蝴蝶共舞的这一地域环境的人文特征（图3-23）。

3. 昆明理工大学新迎校区教学主楼

教学主楼打破原有老楼规整的布局形态，整个建筑旋转了45°，既丰富了建筑造型又对称于教学区原有的主轴，与校园环境融为一体，使之在保持工科院校严谨的学院环境布局下又增添了人文学院的几分朝气（图3-24a）。设计者根据教学区面积不大的要求，从功能、环境出发采用了内院式布局，将大面积的空地留在建筑的四周，追求规则方形的环境整体布局，与四周建筑的界面形成统一感。由于屋顶采用了逐层后退和斜面处理，克服了方形内院空间封闭的呆板感，增加了内院的采光通风。在当时的情况下，为了保证施工与教学能同时进行，内院的引入既方便施工，又能确保原楼能继续使用。旋转后的主楼与周围的各学院教学楼、图书馆、实验楼、实习工厂联系方便，教学单元空间更加敞亮，并在四角获得了与建筑周围绿地自然流通的庭院空间。主楼纵横跌落、层层退台满足了不同面积教学单元独立管理的需要，同时强化了建筑的纵深感和视觉力度，增添了建筑的韵律感（图3-24）。设计者脱离了原教学楼横平竖直布置的"招式"，这种"无招无式"是源于对使用功能、特定的环境和特定的效益的考虑。

顾老的"无招无式"是相对的"无"。建筑师的创作当然有自己的创作理念和设计手法。但顾老从不把这些招式视若神明去顶礼膜拜，而是在创作中忘掉个人荣辱，丢掉自己熟悉的东西，针对丰富多彩的现实生活进行多元的建筑创作。

3.2.4　意料之外，情理之中

顾老认为"建筑创作的最高层次应该是'意料之外而又在情理之中'。"[①]意料之外就是要创新，这是创作的目标；而情理之中，是创作的出发点与归宿。

① 顾奇伟. 阿庐古洞洞前景观建筑[M]// 杨秉德. 新中国建筑——创作与评论，天津：天津大学出版社，2000，5：32.

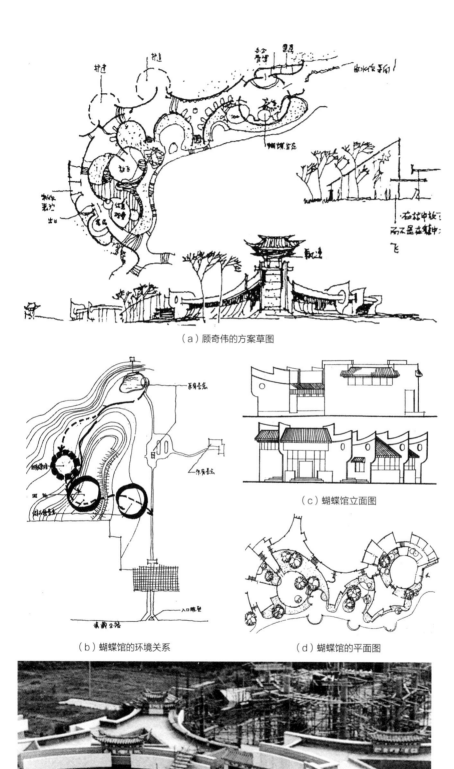

（a）顾奇伟的方案草图

（b）蝴蝶馆的环境关系

（c）蝴蝶馆立面图

（d）蝴蝶馆的平面图

（e）施工阶段的蝴蝶馆

图3-23　大理蝴蝶
泉蝴蝶馆
（图片来源：a、d、
e《建筑师》编委会
编. 中国百名一级
注册建筑师作品选
2[M]. 北京：中国
建筑工业出版社，
1998，9；b、c孙茹
雁. 地域旅游环境
与开发——兼论云
南旅游开发特点[D].
南京：东南大学，
1994，6）

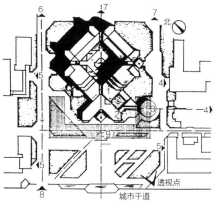

1. 教学主楼；2. 院部办公；3. 报告厅；
4. 图书馆入口；5. 专业教学楼入口；6. 往学生休息区
7. 往实习工厂；8. 学院主入口；9. 勉强使用的教学楼
（危房）待新楼建成后拆除

（a）总平面示意图

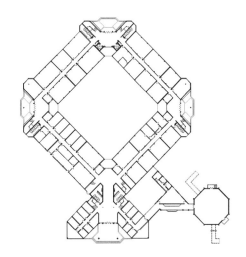

（b）一层平面图

（c）现状照片

图3-24　昆明理工
大学新迎校区教学
主楼
（图片来源：a、c顾
奇伟．探高逸的建
筑品格　求当代中
国的时代精神——
初探建筑特色．建
筑学报，1984
（11）；b笔者自绘；
d笔者自摄）

（d）透视图

"一个'情'字，含着国情、地情、历史时代、民族人文、大众苦乐、美观美感……一个'理'字，即效益效果、科学合理、因地制宜、功能安全、政策法规……"[1]在情理之中去创作，取得意料之外的效果，这才是真正意义上的创新、创造。

1. 阿庐古洞洞外景观建筑设计[2]

顾老等人在设计时力求体现"阿庐古洞"四字之意境。"阿庐"彝族语意为有山有水之地，"古洞"曾记载于《徐霞客游记》，意为古老深远。设计者不以"穿鞋戴帽"的复古方式去设计，而从彝家特质和古朴的韵味出发，以应"阿庐"，以配"古洞"。

由于当地已无传统的彝族建筑可借鉴，从"情"出发，建筑就应该表现出彝胞的特质。顾老长期生活在云南，对彝族质朴豪放、热情洒脱的个性特征可谓熟谙于心，就将景区彝族建筑形态定格在挺拔有力、简洁朴实的形态特征之中。如何求其"古韵"，复古的传统建筑只能适得其反，只有借助村野田间的"窝棚"才能表达率直、质朴又有古韵的特质。"此情可待成追忆"，顾老大胆地借"窝棚"（图3-25）发挥，将现代之"新"纳入"古"的情理之中，这是创新的表现。

设计者在当地的实"情"之下，据"理"采用嵌入与分离的手法，使之与自然环境有机结合。由于古洞洞口比较隐蔽，增设爬山廊加强引导性。廊只设单排柱以顺应狭窄的山道，并将横梁自由伸长楔入山体，使其空透、稳定。小尺度的山道和爬山廊使游客鱼贯而行，一并隐蔽于山林之中。山上碑亭，在明代石碑原址加建棚亭，将斜梁、地梁穿插"咬"在山石之上，人工与自然在这里得到了有机结合。入口大门，以桥代门，两侧辅以空廊，无廊之桥居中供人行走，使常见的廊桥面貌一新。风雨桥的桥、棚分离，桥在棚下，棚嵌入水中，与水融为一

① 顾奇伟. 在抗"非典"中更加健康——建筑创作随笔[J]. 云南建筑，2005（1）：2.
② 泸西阿庐古洞洞外景区总体及建筑设计获1990年省科技进步二等奖，2002年首届云南优秀特色建筑设计二等奖。

图3-25 窝棚
（图片来源：笔者自摄）

体，棚顶上下两层斜屋面各自分开，虚实相间、层次丰富。广场标志增高以显识别性，通透以减弱体量感，使其坚挺又富有古韵。接待室以"窝棚"为母题，适当加大斜杆梁及屋脊，在斜杆梁根部加竖桩作"穿斗"，以显其简洁有力，在古朴之中透出清新的现代建筑气息（图3-26）。

建筑建成之后，获得了"意料之外"的效果，不仅得到了社会各界的高度评价尤其得到了当地彝族的充分肯定，而且也获得了省部级奖。其最大的成功之处，在于设计者据"情"求"理"的创新。依据当地自然之"地情"，彝族个性特质之"内情"，求以"窝棚"为母题不同的建筑形态，从而表现出尊重自然、平和亲切的现代建筑之乡土气息。

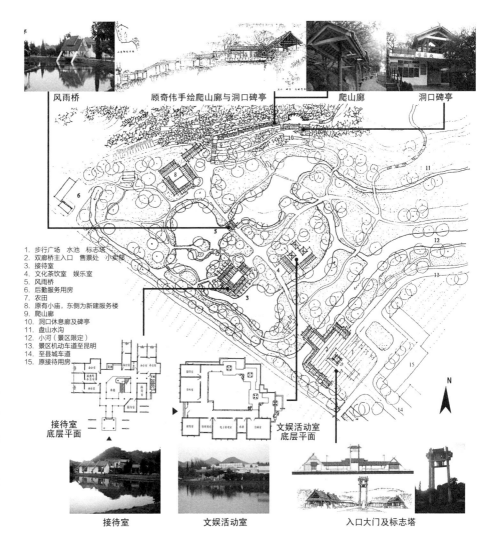

1. 步行广场 水池 标志塔
2. 双廊桥主入口 售票处 小卖部
3. 接待室
4. 文化茶饮室 娱乐室
5. 风雨桥
6. 后勤服务用房
7. 农田
8. 原有小庙，东侧为新建服务楼
9. 爬山廊
10. 洞口休息廊及碑亭
11. 盘山水沟
12. 小河（景区限定）
13. 景区机动车道至昆明
14. 至县城车道
15. 原接待用房

图3-26 泸西阿庐古洞洞前景观建筑现状
（图片来源：笔者加工于《建筑师》编委会会. 中国百名一级注册建筑师作品选2[M]. 北京：中国建筑工业出版社，1998，9）

2. 建水燕子洞洞前总体设计[①]

设计的最大特色是尊重原有的地形及现有建筑（图3-27），并不是把破碎深凹的山箐地完全推平，把显露粗陋山墙的大体量餐厅推倒重做，而是依据情理进行改造设计。如何去设计，当然要与如诗似画的燕子洞相得益彰。

设计者不是从传统的建筑入手而是从洞穴的自然景观出发进行探索，充分利用特殊的地形形成非常规的入口空间形态。设计的灵感来自燕子洞的洞徽，洞前广场运用了两次微变的"太极图"洞徽标志母题（图3-28a、b）。一次是在检票入口处两片相向错位的圆弧墙以圆屋盖形成整体。两片墙，强调其高与低、光洁与粗糙、明快与深沉、飘逸与厚重的对比，并使入口空间产生沉郁感，并在重心部位竖立一以不锈钢片作抽象群"燕"齐飞的雕塑，以增加点点闪光所赋予的活力，同时也起到控制四周空间的标志作用（图3-28c、d）。第二次是利用地形高差做下沉内广场。反曲的石板路、分居路两侧的旱地与水地，以及在水池中立起的抽象的"太极"石雕与在草地里"挖"出的一块光面的大理石铺地，共同形成了类似燕子洞的洞徽的太极图案的空间形态（图3-28e、f）。这一刚一柔、一凹一凸、一动一静使内广场充满生机，并带给游客无限的遐想。在原有建筑餐厅的山墙边加一陈列室，以院落的形式使其连成一体，既可使相近的功能互补使用，又缓解了餐厅山墙的僵硬感使之成为内广场一对景，重新焕发生机。接待室做化整为零和小尺度处理，透射出现代建筑的构成味（图3-28g、h）。

设计者脱开了习惯中景区大门的形式，两次采用了与燕子洞相关联的"太极图"母题，反映了自然与人文的结合；同时，通过"太极图"母题的变化强调了"主入口—过渡区—燕子洞"这一意识导向的主题环境，给人以震撼力。

[①] 建水燕子洞前区总体及建筑设计获1994年省优一等奖。

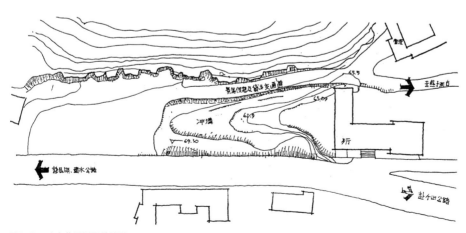

图3-27　建水燕子洞洞前地形
（图片来源：顾奇伟. 怕的是"食今不化"——创作随感[J]. 建筑意匠，1993（1））

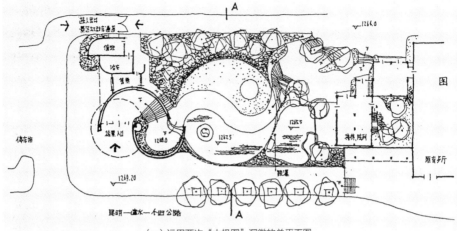

（a）运用两次"太极图"洞徽的总平面图

（b）燕子洞"太极图"洞徽

（c）检票入口透视图

（d）检票入口

图3-28　建水燕子
洞洞前景观1

（e）下沉广场透视图

（f）下沉广场

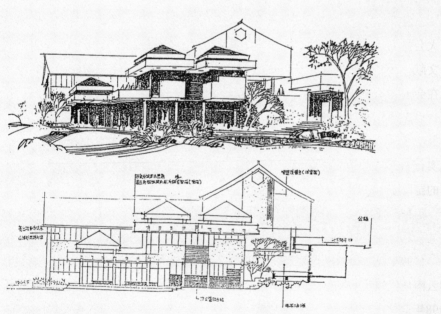

（g）陈列馆透视图及立面图

（h）陈列馆现场

图3-28　建水燕子
洞洞前景观2
（图片来源：a、
b、c、e、g-顾奇
伟．怕的是"食今
不化"——创作随
感[J]．建筑意匠，
1993（1）；d、f、
h《建筑师》编委会
编．中国百名一级
注册建筑师作品选
2[M]．北京：中国
建筑工业出版社，
1998，9）

这两个规划设计都得到了社会各界的认可，也都获得部省级奖项，都是在实际的"情理之中"进行创新，也都获得了"意料之外"的效果。

20世纪80年代以后，中国由频繁的政治运动转向以四个现代化为核心的经济建设的轨道上，也完成了建筑创作领域的拨乱反正，并重新融入到国际社会当中。在展开中外交流的同时，多种国外的建筑思潮涌入中国，为了活跃建筑创作的气氛，提高我国建筑创作的整体水平，身为省规院院长的顾老积极筹备并加入了"现代中国建筑创作研究小组"。他以实际行动响应着"繁荣建筑创作"的口号，逐步形成了一种多元化的建筑创作，并逐渐形成了一种自己的设计理念及创作手法。正是顾老对建筑有着如火一般的激情，使他以极大的热情投身于创作之中，成就了自己建筑创作生涯里的红色时期。

3.3　常青时期（1999年至今）

1999年，是上承20世纪改革开放以后的发展时期，也是下启新世纪、新机遇、新发展的年代。1999年6月23日，国际建筑师协会（UIA）第20届世界建筑师大会在北京人民大会堂胜利召开，会上通过了《北京宪章》，这是一个划时代的文献，预示着中国的建筑正在迎来一个崭新的发展机遇。两院院士吴良镛先生在会上指出，21世纪将是一个大转折、大发展、大挑战的新时期。而"常青"一词也正蕴涵着继续发展的深层涵义，"青"在《辞海》里解释为"春季植物叶子的颜色"[①]，也正预示着大地万物复苏发展的新时期。也就是在1999年，国家实行西部大开发战略，带给西部新的发展机遇。同样在1999年，处在西部云南的昆明市成功举办了世界园艺博览会，"向世界报春，这个身居中国西部的省份，正在面向世界'文化搭台''经济唱戏'，预示着这里'西部大开发'的世界含义"[②]。

1999年以后，云南得到了较大的发展。在建筑界，大家都在努力地探索新时期云南现代建筑的特色。顾老作为云南建筑界的前辈走在了前列。虽然顾老已于1998年退休，但他仍然从事云南城市文化和云南本土建筑的研究和创作。此时，他已64岁高龄，但仍奋斗在建筑创作的一线，虽然此时期的作品不是很多，但仍然倾注着云南本土建筑特色的思考。时时不忘为进行云南现代本土建筑创作而摇旗呐喊（图3-29）。他的这些举动，无疑是一心一意为云南建筑事业劳心劳力的真实写照，是老当益壮的表现，也正书写着他自己创作生涯里的"常青时期"。

3.3.1　诠释地方特色的保山永昌文化中心

退休后的顾老做了一个比较重要的项目就是以保山三馆即博物馆、图书馆与

① 辞海编辑委员会. 辞海[M]. 上海：上海辞书出版社，1989：2230.
② 邹德侬. 中国现代建筑史[M]. 北京：机械工业出版社，2003，3：162.

群艺馆为中心的永昌文化中心片区的规划设计。项目伊始，三馆建筑群本来由他人设计并已经定稿正在做施工图。顾老偶然得知所定案的三馆建筑是三幢呈条形平面、顶戴"小帽"、带有外廊、各为三层的"冂"形组合的建筑群，感到此方案既无当地特色且造型一般，功能上又有缺陷。建筑师强烈的责任感驱使顾老赴保山恳请当地领导从长计议，并在两天内做了构思草图，随即赶赴保山，当晚拜访了地委书记，十多分钟的交谈使初识顾老的这位领导当即决定重做方案。是什么打动了这位素未谋面的领导，其中的交谈我们不得而知，但可以肯定的是顾老强烈的建筑师责任感以及他那"老骥伏枥，志在千里"的决心和敢于探索的勇气与精神，带着这份勇气，顾老亲自做了方案。

重做方案，特色何来？保山属于经济力量较弱的城市，在这样的城市只能量力而行，尽力探求、因地制宜、实事求是才可以出特色。顾老从保山特定的地方文化、经济经营模式规模、功能环境和脱出常规房地产开发的特定方式，前后历时四年才逐步形成这一片区的唯一性：

1. 多功能、多层次、多方需求。近些年，"现代迷信"盛行，迷信发达地区、大城市的"特色"。在保山，不照搬大城市单一功能分区，而是形成博物馆、群艺馆、图书馆、花卉营销、餐饮、商住、温泉浴、城市文化广场、文化休息绿地的多功能、多层次的群体（图3-30）。所有单体都很小，适应民营经济活动，满足市民的多种需要。

2. 统一于整体，多而不碎。化零为整、形成群体优势、多样有序、功能互补。三个小馆独立而成一体（图3-31a）；各个花农小院底层营销展示，二楼家居，三楼名贵花房和对外接待，各户形态全不一样但风格一致（图3-31b）。

3. 传承历史，表现主题。以历史文化为主题体现现代文化品格。博物馆采用代表古哀牢文化的铜鼓形态，外墙配有反映保山历史文化的浮雕装饰（图3-32a）；中

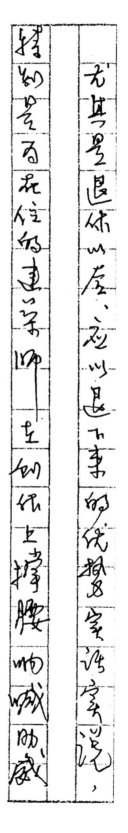

图3-29 顾老退而不休的言辞（图片来源：顾奇伟提供）

第三章 丰富多彩的
建筑创作

保山哀牢(永昌)文化中心
1. 博物馆
2. 图书馆
3. 群艺馆
4. 餐饮商贸
5. 停车场
6. 历史名人馆
7. "历史长河"文化轴
8. 温泉浴场
9. 花 街
10. 花农住宅展区

11. 书画市场
12. 现有建筑
13. 城市建成区
14. 302国道(未来城市主干道)
15. 城市发展区

图3-30 多功能的
永昌文化中心
(图片来源:顾奇伟
提供)

(a)自成整体的
三馆建筑群

(b)花农小院

图3-31 三馆建筑
群与花农小院
(图片来源:a笔者
自摄;b顾奇伟提供)

心广场以"历史长河"水系连结"九隆传说""哀牢归汉""滇西抗战""保山解放""面向未来"的绿化景观空间，成为现代感强烈的历史文化中心（图3-32b）。

4. 本土文化的建筑表征。所有建筑按照满足现代功能，造价较低，表里一致的原则，群艺馆和图书馆底部采用干栏形式局部架空，顶部以长屋脊斜面强化感染力（图3-32c、d），其他建筑以构架外露平面或挑或退，顶面或斜或平等手法形成现代建筑的本土味（图3-32b、图3-32e）。

5. 以民为本的绿化空间。以公共绿地为主轴，辅以花街和每户庭园绿化，使绿化面向大众、渗入日常生活（图3-32f）。

6. 地方材料的使用。建筑及场地，尽可能用地方的自然材料。大量地方石料或低价，或廉价于屋面及地面，或光、或平、或粗相继使用，既支持了地方材料生产又使环境自然亲切（图3-32g）。

7. 因实而需的建设模式。城市公建、市政设施由政府投资后，各地块由每户投资者按统一规划自行进行单体建设。每户使用功能自定，单体设计统一进行，政府承担单体设计费，形成风格统一，各户不一"自然生成"的多样性。而每户既经营又家居并留有旅游接待的能力（图3-32h）。[1]

永昌文化中心从策划开始到基本建成历时四年，建设过程都是创作过程。数百户单体均非标准设计，有的住户单体方案，户主的主意就变了9次以上；从总体到单体、细部，直到院落绿化、用材用料、一草一木都要斟酌再三，足见建筑师、当地领导及用户的重视程度。以上等等，无非说明特定的地方文化功能、环境、建筑、经营管理模式和相应特定的开发方式和相应的总体单体设计就形成这一片区（200余亩用地，9万多平方米建筑面积）在省内和保山市内的"唯一性"。诚然，铜鼓造型的博物馆以及干栏建筑形态的群艺馆和图书馆，虽然有点具象，但永昌文化中心的特色并不在建筑的表现形式，而是从此时此地出发大众物质精神生活需要的特定综合体，是特定环境下的建造模式。

3.3.2 似古非古的丽江玉河走廊

玉河走廊紧邻丽江古城，位于黑龙潭与古城之间。在如此敏感的地带修建玉河走廊建筑群，该如何定位？是另起炉灶，还是与古城一脉相承？设计者从实际出发，以敏锐的眼光洞察到玉河走廊是维系古城与黑龙潭遗产地之间的纽带。从大的范围讲，玉河走廊是丽江古城的一部分。因此，规划设计没有脱离世界文化遗产地保护的原真性这一原则。如何凸显保护的原真性，就要与古城风貌紧密协调，传承发展，坚决传承古城平和亲切、自然质朴、和谐丰满的神韵，不张扬显贵，不以邻为壑，不大填大挖，适时地满足社会发展、现代生活和文化生活的需要，满足功能和完善基础设施的需要。

① 以上7点参考于顾奇伟. 何种特色 何来特色 何得特色——优秀特色建筑评议时的随想. 云南建筑，2002（3）：17。

（a）貌似铜鼓的博物馆

（b）历史文化广场

（c）群艺馆

（d）图书馆

（e）群艺馆旁的餐饮中心

（f）绿化空间

（g）大量用于地面铺装的地方石料

（h）多样统一的花农小宅

图3-32 保山永昌
文化中心内的建筑
与绿化广场空间
（图片来源：a、b、
c、d、e、f、g笔者
自摄；h顾奇伟提供）

设计者在规划设计中，着重勾勒了"古城—玉河—黑龙潭—玉龙雪山"这一主导空间以及古城风貌特色的延续（图3-33）。建筑设计上，对重点保护的积善巷华宅，其大小木作均按传统的工艺及材料维修；其他建筑均按古城的建筑形态，在用材、形式构造等细部力求与传统风貌相协调，外装修则表现"平民"化和本土的多样性。建筑从使用者的角度考虑，单体长度都较短并具有亲和的人性尺度，在层高、进深、立面处理及屋脊长度、高度上表现出丰富的变化，适应了不同地段的环境特点。设计者以最具特色和多样的传统建筑山墙作建筑的主立面，构成丰富的群体建筑轮廓，丰富了"古城—玉河—黑龙潭—玉龙雪山"这一主导空间环境（图3-34）。如果说玉河走廊的特色何在，其最大的特色就是"大隐隐于古城中"，也许若干年以后，她与现有的古城一道载于世界文化遗产地名录。

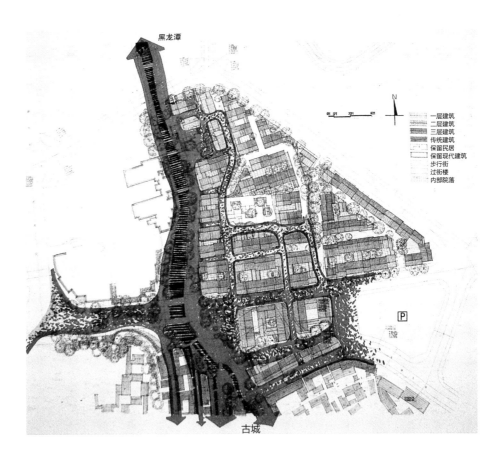

图3-33 玉河走廊的"古城—玉河—黑龙潭—玉龙雪山"主导空间分析
（图片来源：《丽江古城玉河走廊总体数据及建筑初步设计》文本，昆明本土建筑设计研究所，2004，9）

沿玉河北段景观

福汇路大桥下景观广场

顾奇伟手绘街巷空间透视

街巷空间现状

受保护的积善巷华宅外立面

顾奇伟手绘福汇路大桥下景观广场

顾奇伟手绘玉缘路沿街立面

玉缘路

顾奇伟手绘福汇路大桥、玉龙雪山景观

沿玉河中段景观

顾奇伟手绘玉河西岸沿街立面

顾奇伟手绘玉河南端广场景观

图3-34　玉河走廊总平面
（图片来源：笔者加工于《丽江古城玉河走廊总体数据及建筑初步设计》文本，昆明本土建筑设计研究所，2004，9）

　　这一时期，顾老还做了体现当地文化特色的规划设计，其中比较重要的要数体现江南文化的无锡惠山古镇保护发展规划及其单体建筑设计（图3-35），以及展现了通海"秀甲南滇，礼乐名邦"的资源特质的通海秀山旅游景区规划（图3-36）。这些规划设计为顾老赢得了赞誉。这一时期被称之为常青时期，一是因为顾老虽年事已高，仍然有着青年建筑师一样的创作生命力；二是因为云南的建筑发展进入一个新的时期，如果说20世纪80年代是东部建筑的快速发展时期的话，那么进入西部大开发的21世纪将是云南乃至西部建筑飞速发展的新时期。如果说常青时期与另外两个时期有所不同，就是顾老一直在总结云南本土建筑及其文化特色。

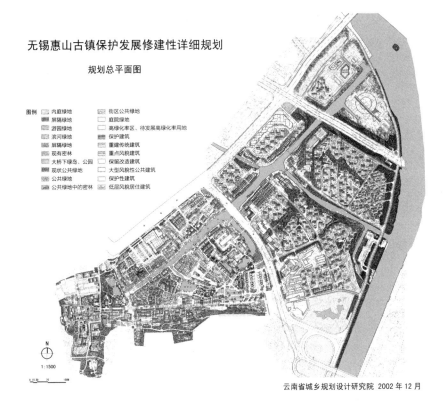

图3-35 无锡惠山
古镇保护发展规划
(图片来源:《无锡
惠山古镇保护发
展修建性详细规划》
文本,昆明本土
建筑设计研究所,
2002,12)

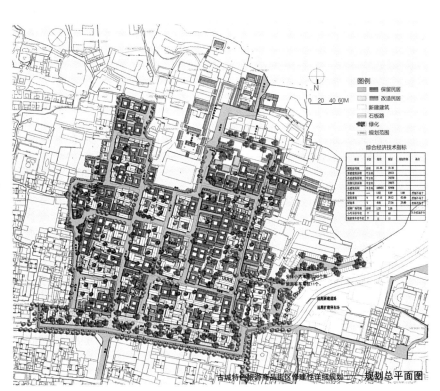

图3-36 通海秀山
旅游景区规划
(图片来源:《通海
县秀山旅游景区修
建性详细规划》文
本,昆明本土建筑
设计研究所,2005,
12)

3.4　本章小结

　　顾老自从走上工作岗位，经历了自己建筑创作的三个不同时期。在第一个"灰色时期"中，建筑创作受诸多限制，只能做有限的探索。这一时期建成的作品较少，其作品一定程度上体现了现代建筑的简洁并留下深刻的时代烙印；在度过自己建筑生涯中漫长的"灰色时期"后，终于迎来了"红色时期"，顾老的创作激情被点燃，并像红红的烈火一直燃烧着，其理想逐步实现。这一时期顾老进行了大量地探索，建成的作品也很多，呈现出多元创作的趋势。创作手法也日趋完善，从有招有式到有招无式，从无招无式到意料之外、情理之中，顾老的设计来源于生活，其创作更是对丰富多彩的现实生活的提炼，是因地制宜的创造。在建筑中，顾老更多地注入了一分朴素的表达。第三个时期是顾老创作的后期，但仍可称之为"常青时期"，是因为顾老虽然已退休，但仍然奋斗在建筑创作的一线，无论自己是"运动员"抑或是"教练员""裁判员"，都以建筑师高度的责任感积极呼吁云南地方特色，关注云南本土文化。尽管作品中多少流露出一些较为具象的表达，但一直有意识地进行云南本土现代建筑创作已是难能可贵。"老骥伏枥，志在千里"亦可谓"生命之树常青"。

　　但无论是哪个时期，顾老的本土情结依然清晰可见。

实例篇

第四章　走向云南本土建筑文化

顾老认为："建筑文化是个大文化的概念，它不等同于文艺，它是人类物质、精神财富的结晶，也可视为建筑文明。物质功能总是它的第一属性，所谓精神财富也不是一般意义上的脑力劳动，核心是诸多方面的创造性。建筑文化具有空间领域性——人类的生存和生活场所就是自然空间加上单体建筑和群体建筑所形成的室内外人工空间。建筑文化是社会的，入世的，而不是空灵的。建筑文化是社会文明的结晶，并推动社会和人类的进步与发展——科技、功能、环境……包括它的经济效益的一切是利于社会的，其核心是利于大众的'人'。"①

归纳起来，建筑文化的内涵包括物质文化、精神文化、艺术文化三个方面的属性："物质文化方面的属性——具有提供人们享用的空间环境，同时也具有为实现这一目的而必须提供的经济技术手段；精神文化方面的属性——在空间环境创造中所渗透的来自哲学、伦理、宗教等方面的生活理想，以及来自民族意识，民俗风情等方面的审美心态等；艺术文化方面的属性——在综合考虑上述基层与深层结构文化因素的同时，努力贯彻于艺术审美方面的意念及其拓展开的表现内容。"②这三方面本质属性共同构成了建筑的文化内涵，表现出了建筑的时代气息、艺术气氛和文化气质的建筑外显表情特征。其中文化气质是建筑外显表情的灵魂，是充分渗入了作品所处的自然环境、人文环境以及其他场所因素和创作者情感因素而综合生成的一种文化特质，在极大程度上决定着建筑作品的时代气息和艺术气氛的表现方式与手段。然而，许多建筑师往往只把注意力放在建筑作品的"时代气息"或"艺术气氛"的创造上，忽略了建筑作品在"文化气质"方面应有的表现。

亚历山大（Christopher Alexander）把建筑的建造过程称为不自觉文化（Inconscious Culture）和自觉文化（Conscious Culture）两种方式。不自觉文化中居住形式的制造过程不是从一开始就想试图创造一个完美的建筑形体，而是试图对一个从一开始就被认为可能有许多问题的形体做不停地修正和改造。自觉文化中住宅内容和形式的问题比不自觉文化中的复杂得多，建筑成了一门职业。书本上的原理是通过严密的科学研究得来的，它们具有普遍的意义。住宅的建造活动往往由专家和专门技术人员控制。③

① 顾奇伟. 关于建筑文化的思考[J]. 新建筑，1999（1）: 63.
② 布正伟. 建筑的内涵与外显——自在生成的文化论纲（缩写稿）[J]. 建筑学报，1996（3）: 28.
③ 袁牧. 国内当代乡土与地区建筑理论研究现状及评述[J]. 建筑师，2005, 6（115）: 18–25.

传统的城镇建筑的文化本质上讲是自发地域文化，具有不自觉性。顾老从这种不自觉的地域文化中总结其共有的特质，从而进行自觉的地域性建筑创作，并在建筑作品外显表情的三个方面有所体现，尤其在"文化气质"方面的表现。

那么顾老是如何总结云南本土建筑文化，进行自觉的地域性建筑创作的呢？

4.1　自发的表现——无派的"云南派"[①]

吴良镛先生在一篇文章中提到了京派、海派、广派，而云南的建筑很有特色而不能自成一派？顾老应吴先生的话，把云南的城镇、建筑特色定为"云南派"。[②]作为云南一派，就是要在云南全境范围内来讨论其共同特色，而非一个民族一个地方的特色，也不是停留在表面形式层面的特色，而是要从宏观的社会、历史范畴来看云南的内质特色。从这点出发，顾老总结："'云南派'的最大特色首先是全省无一派，因而，可称之为无派的云南派。"[③]这种无派是一种自发的多元性的表现。

4.1.1　多元的民族文化

云南是我国民族种类最多的省份，包括汉族在内共有26个民族，构成了民族的多元性。由于各民族的地理分布、社会发展不一样，造成了原始社会、奴隶社会、封建社会和社会主义社会等多种社会形态并存的局面。众多民族其宗教信仰也是多种多样，各种原始宗教和在原始宗教信仰基础上形成的原始巫文化在云南各少数民族中长期发挥着控制作用。随后，一些民族的信仰发生了变化，如有信奉小乘佛教的傣族、有崇拜虎的彝族、有敬拜牛头的佤族……以上种种宗教信仰都影响着云南文化的发展。

此外，民族的多元性源自于历史发展的特殊性。战国初期，云南的先民就分属中国的氐羌、百越、濮三大源流。在历史的发展中，中原移民"为躲避中原战乱或自然灾害等原因而分散进入云南，因战争随军队或被俘虏而成批进入云南，因实行军屯、商屯、民屯而进入云南"[④]。由于各种原因使省内各民族之间，各民族同省外各民族之间交融渗化延绵不断。在相互交融不断加深，中原汉文化不断渗透逐渐加强的过程中，形成了"氐羌文化、百越文化、中原汉文化三大文化的接触、互渗、融合。以及在时间纵向上和空间横向上的相互交叉，编织成了一个多元、多层次的文化网络"[⑤]。而云南的民族交融特点一是多民族全方位地吸收先进文化；二是地处边缘，受单一民族文化的约束力较弱，以中原地区为重心的封建统治对云南文化的控制也是鞭长莫及，使云南的多民族文化在发展中既不离散又不一统，既融合又不糅合，形成了多元纷呈的局面。

① 顾奇伟. 无派的云南派——探释云南城镇、建筑特色（一）[J]. 云南建筑，1990（3-4）：76.
② 顾奇伟. 无派的云南派——探释云南城镇、建筑特色（一）[J]. 云南建筑，1990（3-4）：76.
③ 顾奇伟. 无派的云南派——探释云南城镇、建筑特色（一）[J]. 云南建筑，1990（3-4）：76.
④ 蒋高宸. 云南民族住屋文化[M]. 昆明：云南大学出版社，1997：50.
⑤ 蒋高宸. 云南民族住屋文化[M]. 昆明：云南大学出版社，1997：22.

4.1.2　多元的城镇文化

由于云南地理的复杂多样，云南的城镇有的位于平坝之上、有的位于山区之间，但都各得其乐，也都各得其所。

昆明位于滇池之滨，得平坝之利，城内抱翠湖、圆通山美景，城外依滇池、西山胜景，城在山水之间、山水位于城之中，可谓真正的山水园林城市。城内盘龙江贯穿南北，五华山、正义街、金马碧鸡坊、东西寺塔一条轴线由北而南，城内泾渭分明，城外环线随意而合，可谓既有规矩但不成"方圆"（图4-1）。

丽江位于玉龙雪山与金沙江的环抱之中（图4-2a）。披云戴雪的玉龙雪山、湍流而下的金沙江、悠悠清澈的泉水造就了丽江的神奇，而金沙丽水更注定了丽江的诞生。镶嵌在古城北边的玉龙雪山正是古城的活水源头，冰川雪峰融化的雪

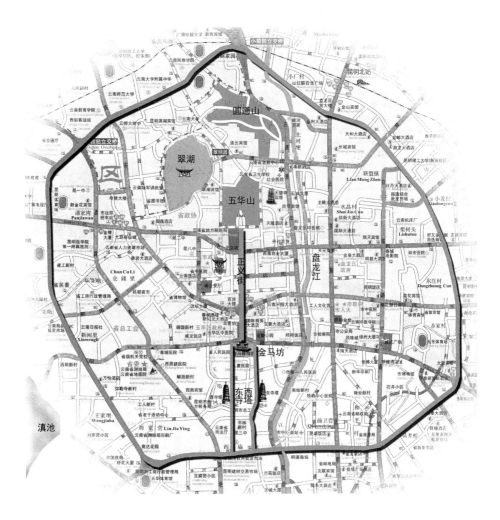

图4-1　昆明一环路内城区示意图
（图片来源：笔者改绘于昆明市地图）

（a）丽江位置示意图

（b）丽江古城示意图

图4-2 丽江位置及古城示意图
（图片来源：a《再说长江》光盘；b笔者加工于丽江古城地图）

水在雪山脚下和地下泉水汇聚成4万平方米的黑龙潭，再沿着15公里的玉河流进丽江古镇，给了古城历久弥新的面貌。河流进入古城一分为三、三分为九渗及全城，将潺潺清泉送达千家万户后静静地汇入金沙江。丽江古城以四方街为中心，街道呈放射状向外延伸，房屋从四方街层层铺开形成自然有机的整体，也就形成了古城如今的格局。古城没有中轴概念，没有对称的布局，分不清东南西北，找不到几条笔直的街道，古城没有规矩却有魅力。依水而建的街道、依水而造的人家紧凑和谐，亲和的四方街、良好的小气候环境中淳朴的民风民俗、活跃的商贸集市……处处展示着"小桥、流水、人家"亲和怡人的画卷，使古老而不沉郁的古城处处散发着勃勃生机（图4-2b）。

而腾冲和顺乡依山傍水，主要坐落在和顺坝子南面相对平缓的黑龙山坡地的北麓，属于一种山地聚落。和顺聚落因地形、地貌条件的特殊与限定，而呈现出独特的四道空间层次的景观特色。首先映入眼帘的是入口处的"双虹桥"，双虹飞拱架溪河，溪河边上处处洗衣亭，一片欢声笑语，其乐融融；跨过"双虹桥"，远远望去，一条石板路环村蜿蜒前进，民居鳞次栉比环列山麓，宗庙祠堂依山而建，闻名遐迩的和顺图书馆、艾思奇故居、"湾楼子"等古建筑群落分布其中，秩序井然；穿过纵横的街巷，可以看到一个相对开放的小广场，用于村民的各种公共活动，与封闭的街巷空间形成对比，构成第三道空间景观层次。最后，在错落有致的民居宅院中，可以看到闾门、月台、古树、照壁等形成村民日常生活的场所，这就是第四道空间景观层次。这四道空间层次的景观特色"造就了'远山径雨翠重重，叠水声宣万树风。路转双桥通胜地，树环一水似长虹。短堤杨柳含烟绿，隔岸荷花映日红，行也坡陀回首望，人家尽在画图中'的山水居住环境"[①]（图4-3）。

这些各具特点的城镇聚落，在云南比比皆是，他们都依不同的自然地理环境而自成一体。从这点上讲，云南的城镇是多样的，而不成"一派"。

4.1.3　多元的建筑文化

建筑所包含的广泛性、普遍性、大众性的生活与文化内涵，使建筑文化具有了多样性的特征。建筑，乃广大民众所居之地。在建筑的发展演化中，居住者的自我意识逐渐强化，文化传统得以不断沉积，并不断孕育出新的文化内涵。生存环境的改变，以及社会形态的变迁与进化等，均促成人们对建筑需求的改变，并不断深化、丰富居住的内涵。建筑成为承载了居住者物质的、意识的多方面文化精神的凝聚体。建筑不仅在形式上交融转化，走向多样性，内涵也更加丰富，形成了多样性的建筑文化。云南民居建筑就其种类而言就有干栏、板屋、邛笼和合院四大体系，其下又分若干子体系，以及存在着同一地区民族拥有不同类型的住屋和住在不同地区的同一民族拥有不同住屋等复杂情况。

① 杨大禹，李正. 和顺环境[M]. 昆明：云南大学出版社，2006，9：9.

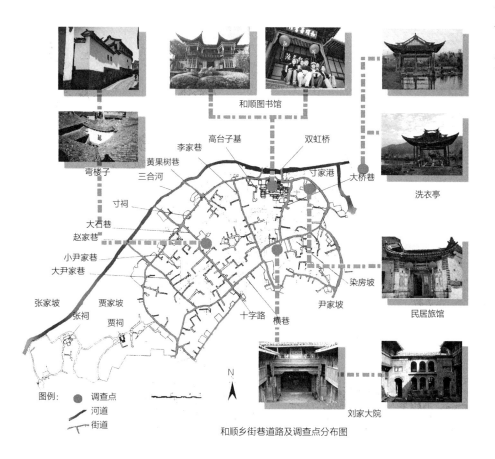

和顺乡街巷道路及调查点分布图

图4-3 腾冲和顺乡现状
（图片来源：笔者加工于 杨大禹，李正.和顺环境[M].昆明：云南大学出版社，2006，9）

云南多样的民族构成、多元的文化体系、多变的自然环境孕育出丰富多彩、多层次的民居建筑形式。其中合院式住屋形式也分作若干类型，典型的有：昆明地区的"一颗印"、大理白族的"三坊一照壁"和"四合五天井"、丽江纳西族民居、建水民居等，各据天时、地势、人情，各展丰姿。然而各民族不同的合院式住屋因承云南这一特殊的区域环境条件，成为一个复合多元文化网络中不可或缺的有机构成要素。昆明的"一颗印"呈四合内敛格局（图4-4a），当是汉式合院体系渗入本土住屋体系后的一种变异形制，其既有某种合院形制的构成要素，又遵循云南本土建筑形式构成的原则。而大理多为较规整的"三坊一照壁""四合五天井"，讲求自身的完整与独立（图4-4b）。丽江则在"三坊一照壁""四合五天井"形制基础上较多变化，灵活自由，或依山而建，或临水布置，各因地形，各据地势，讲求顺应自然，重"适"之营造法则（图4-4c）。

（a）内敛的昆明"一颗印"民居　　　　　　　　（b）规整的大理白族民居

（c）依山而建的丽江民居

图4-4　昆明、大理、丽江民居
（图片来源：a石克辉　胡雪松. 云南乡土建筑文化[M]. 南京：东南大学出版社，1993，9；b、c笔者自绘）

　　总之，云南城镇的建筑文化是多元的，这一丰富而不一统的特色，正是"多派"并存而成为"无派"。"无派"，也正是"云南派"的最大特色，是自发体现出来的特色。

4.2 自觉的总结——有特质的"云南派"

"无派的'云南派'并非是万花筒式的五花八门。无派，指的是没有统一的表象标志、形式特征和起控制作用的学术观。"[①]云南的城镇、建筑从总体而言是没有统一的形式特色的。特色只是建筑的外在表现，也是很多建筑师通常注重追求的建筑艺术表达。云南城镇建筑自成"一派"，不是形式上的特色而是总体上有着共同的特质。探求特色的关键在于探求特质。

何为特质？顾老曾给我们作了一个形象的比喻：一个日本人与一个中国人在一起交谈，全是一样的肤色、体形、着装，也同说英语，从外表看分辨不出国籍。但从他们的谈吐举止就可看出孰是华夏子孙，孰是大和后裔，这是源于他们谈吐之间表露的自身特质。我们不以貌辨人，可以从举止洞察特质。诚然，建筑不等同于人，但它是石头书写的史书，虽然不能像人一样言谈举止，但可以阅读。"人的气质是身心活动的综合表露，而城镇建筑的特质就是它对社会的特定综合效益。"[②]顾老在长期的探索中，自觉主动地总结了"云南派"的四大特质。

4.2.1 崇自然、不拘于"天道"[③]

崇自然，就是尊重自然，不以牺牲自然环境为代价去凸显建筑重要的地位；不拘于"天道"，是不拘于中原礼制束缚的环境意识。

我国古代"《管子》就提出城镇要'因天材、就地利，故城郭不必中规矩，道路不必中准绳'"[④]。云南的城镇村落建设大多莫不如此。

因地势而分台、密集式联片布置是彝族土掌房村落的一大特色。彝族土掌房村落一般选址在向阳北阴的山腰，形成"上面宜牧，中间宜居，下面宜农"的格局。村落内的房屋顺山修建，左右之间紧密连接，前后之间高低错落，人们借助楼梯和搭板，可以在屋顶上自由行走，进行邻里往来、户外运动等。它与村内顺应山地的等高线自然形成的地面曲折道路交通一起，共同构成立体交通系统。村寨密集式联片布置有利于节约山区宝贵的用地，更方便了村民的联系（图4-5）。这一巧妙的布局显示出依山、依势、依村，穷中出智、拙中藏巧等自然质朴的创造性。

再如建筑，以"干栏"建筑为例，多山的地形地貌决定了干栏建筑与大地接触方式的独特性。如何在复杂的山地地形上建房屋，是一个首要解决的问题，而干栏建筑的"架空"形态是解决这一问题的关键。它的立足点不在于改造，而是因借，无论是脊、坎、坡等多么复杂的地形都是因势利导，化不利为有利，顺其自然，也产生了许多与各种复杂的地形相适应的构筑形态。山地建筑针对不同地形形态，表现出诸如挑、架、台等多种建构方式。山地建筑充分借鉴这些山地民

① 顾奇伟. 无派的云南派——探释云南城镇、建筑特色（一）[J]. 云南建筑，1990（3-4）：80.
② 顾奇伟. 有特质才无派——探求云南城镇、建筑特色（二）[J]. 云南建筑，1993（3-4）：17.
③ 顾奇伟. 有特质才无派——探求云南城镇、建筑特色（二）[J]. 云南建筑，1993（3-4）：17.
④ 顾奇伟. 有特质才无派——探求云南城镇、建筑特色（二）[J]. 云南建筑，1993（3-4）：19.

图4-5 彝族土掌房村寨
（图片来源：石克辉，胡雪松. 云南乡土建筑文化[M]. 南京：东南大学出版社，1993，9）

居建造方式。巧用地形，争取空间结合自身特点也形成了不少有效合理的建构方式，表现出多种多样的建筑形态。干栏建筑的架空正是建筑对山地自然环境的一种适应性，也是崇尚自然的表现（图4-6）。

多少年来，云南处于偏远的西部，远离中原。在生存条件非常恶劣的条件下，为求生存发展，不管"天道""地道"，我行我素，因地制宜、因势制宜、因穷制宜。可见，云南所坚持的崇自然、背理制就成了一种特质，自发地继承和自觉地发展自己的城镇、建筑文化。

4.2.2 求实效、不缚于"法度"①

求实效，就是要满足实际生活的需要，满足现代功能的需要，这是现代建筑创作的基本原则，也正是体现了建筑的物质文化属性。不缚于"法度"，就是不束缚于违背了实际生活和损害了大众利益的陈规陋习，乃至指示要求等。

位于滇西北的土库房外墙较厚重，很少开窗，只在背风向阳的一面适当开窗，是为了获得必要的阳光；而在迎风背阳的一面基本上不开窗或只开小窗，主要是减少寒冷气流对室内环境的影响。邛笼建筑形体的实多虚少是获得良好热工效能的保证。这是源于对滇西北高原气候的实际考虑，滇西北昼夜温差较大、气候干燥，造成了干热干冷的气候环境，客观上形成了建筑的维护形态的实多虚

① 顾奇伟. 有特质才无派——探求云南城镇、建筑特色（二）[J]. 云南建筑，1993（3-4）：19.

图4-6　壮族干栏建筑
（图片来源：石克辉，胡雪松. 云南乡土建筑文化[M]. 南京：东南大学出版社，1993，9）

少；再加上当地常常伴有寒冷的大风，直接影响建筑的开窗形式（图4-7）。

再如滇南的干栏建筑，利用架空的方式使建筑脱离地面，这也是顺应了当地湿热的气候条件。首先，建筑架空减少对空气流动的阻碍，加大了风压差，引导通风，使人在炎热的气候下感到一丝丝凉意；其次，由于当地多雨，架空避免了室内受雨水侵蚀，保证了室内生活的正常进行；再次，滇南多虫蛇鼠蚁，架空也减少对当地人的伤害；最后，由于架空，使底部的空间腾出以放养牲畜和堆积作物，满足了现代功能的需要。这些都代表着云南建筑求实的一大特质（图4-8）。

4.2.3　尚率直、厌矫揉造作①

尚率直，厌矫揉造作就是追求朴实无华、以人为本的精神，在建筑上表现除去一切不符实际的装饰，追求建筑上的一种朴素表达。

云南许多传统的民居率直到茅草、竹子、木头、黄土、石头等一批原始材料直露于外墙。乍一看，有些让人忍俊不禁，但这些初看"败絮"其外的"土建筑"，却"金玉"其中。炎热地区的傣族竹楼（图4-8），以竹编身，给室内带来了凉爽，使建筑显得轻盈通透；处于干热干冷地区的土掌房（图4-7），以夯土裹身，挡住了严寒地区呼啸而来的寒风，隔绝了酷暑季节刺眼的阳光，使室内冬暖夏凉，使建筑显得敦实厚重。云南民居，除汉式民居外，少有附加的装饰，朴素

① 顾奇伟. 有特质才无派——探求云南城镇、建筑特色（二）[J]. 云南建筑, 1993（3-4）：19.

图4-7 中甸藏族
土库房
（图片来源：石克
辉，胡雪松．云南
乡土建筑文化[M].
南京：东南大学出
版社，1993，9）

图4-8 版纳傣族
干栏建筑
（图片来源：笔者
自摄）

地表达了其结构美和材料美。土掌房的"土"、石头房的"石"（图4-9）、木楞房
的"木"（图4-10）、竹楼的"竹"无不透露出一种天然、一种纯真、一种质朴、
一种愉悦、一种人与自然的亲近与和谐。

除了传统民居的直率，位于和顺侨乡村旁沿河而建的洗衣亭更多了一分朴
实与关爱。洗衣亭顶上飞檐高高翘起，以宽广的胸怀接纳这里的妇女儿童，可
见其直率；亭内布井格石条，旁设木凳，供村民浣衣洗菜，它没有皇家园林中
亭的显赫，也没有江南园林中亭的婉约纤细，而是多了一分拙朴；洗衣亭是和

图4-9　丽江玉湖村
的石头房
（图片来源：笔者
自摄）

图4-10　泸沽湖摩
梭族木楞房
（图片来源：笔者
自摄）

顺乡出门在外的男人们专门为在家的妇孺修建的，供她们晴天遮阳，夏天避雨，田间劳作归来，可在此纳凉冲洗，谈笑风生，日常浣衣淘米洗菜，"它像男人宽厚的胸膛，总想为女人遮风挡雨，总想全部装下女人的委屈，走入井亭就像走进出门男人的心，在默默无言的空间中去感受一分温婉的体贴和化骨的柔情"[①]，可见其人文关怀（图4-11）。

丰富多彩的滇文化因其率直而更加斑斓夺目，率直不等于粗鲁落后，率直就是要摒弃虚华的装饰，体现建筑朴实的高贵品格。

4.2.4 善兼容、非抱残守成[②]

善兼容、非抱残守成就是不墨守成规，善于以我为主，兼容并蓄一切外来的先进文化和技术，这就是蕴涵在云南城镇建筑另一重要的特质。

傣族一直信仰自己的原始宗教，在营村建寨的重要活动就是立寨心、设寨门，寓意着保佑村寨与村民的平安；后来又兼容了小乘佛教，在村寨里又新建佛寺、佛塔，拉近了傣人与佛的距离，大大丰富了村落的空间环境。而景真八角亭，上身采用极富傣族特色的"起贡"屋顶，下身采用汉式佛塔的塔身与基座，形成了傣族建筑体系中最富有感染力的华彩乐章，这一融傣、汉特色于一体的八角亭以其稳重而飘逸的个性显示着民族交融的风采（图4-12）。

① 石克辉，胡雪松. 云南乡土建筑文化[M]. 南京：东南大学出版社，1993，9：223.
② 顾奇伟. 有特质才无派——探求云南城镇、建筑特色（二）[J]. 云南建筑，1993（3-4）：21.

图4-11 腾冲和顺乡洗衣亭
（图片来源：笔者自摄）

图4-12 版纳景真八角亭
（图片来源：石克辉，胡雪松. 云南乡土建筑文化[M]. 南京：东南大学出版社，1993，9）

图4-13 大理某戏台
（图片来源：笔者自摄）

再如大理的白族，较早地吸收了中原汉文化。建筑作为文化的载体，也经历了这一"汉化"过程，产生了以"礼制"为中心的合院式布局，形成了佛寺与本主庙、戏台合二为一的特殊建筑形态。唐代《蛮书》中记载"凡人家所居，皆依傍四山，上栋下宇，悉与汉同，惟东西南北，不取周正耳。"[1]从这里我们可以看出，白族民居在吸收中原汉文化的同时仍然保持了当地一些固有的传统文化特征，兼容并蓄地成为大理特有的建筑布局和风格（图4-13）。

"云南民居善兼容而非抱残守缺的宝贵特质从深层次上透发的感染力是各民族热切地冀求进步所表现的豁达大度。"[2]只有豁达，才可能放下自尊吸收其他先进的文化；只有学习他人，才能进步发展。因此善兼容的目的是善进取而不是原地踏步甚至倒退。云南"无派"的民居之所以绚丽多姿，而是因为他们不唯己独尊，而是相互兼容而不兼并，他们既热爱自身的传统生活又乐意吸取一切先进的技艺和文明。

崇自然、求实效、尚率直、善兼容是"云南派"特质的四个方面，是互为因果的整体——崇自然必然求实效，尚率直方能善兼容。它既是云南派自发的多元性表现之后凝成的一种内在的共同特质；更是顾老多年生活在云南，对云南本土文化的一种洞察，一种有意识地自觉总结。

4.3 实践与理论的统一——自觉的地域性表现

顾老多年扎根于云南的城镇建筑之中，总结出云南派的多元性，进而揭示了蕴藏在多元性背后的四大特质：崇自然、求实效、尚率直、善兼容。顾老根据云南派这四大特质，在自己的建筑创作中也自觉地体现了云南的本土特色，即：与

① 高寯. 云南民族住屋文化[M]. 昆明：云南大学出版社，1997：35.
② 顾奇伟. 有特质才无派——探释云南城镇、建筑特色（二）[J]. 云南建筑，1993（3-4）：22.

环境相协调、与时代相吻合、与大众相亲近、与文化相融合。

4.3.1 与环境相协调

云南派的特质之一"崇自然、不拘于'天道'"就是一种朴素的自然环境观。而现在所讲的环境是一个抽象的概念，它既包括自然环境，又涵盖人文社会环境。但就建筑创作而言，具体可分为大环境和小环境："大环境——建筑所置城市的性质、特征、山川、地形、气候等环境条件。小环境——建筑所置场地的左邻右舍建筑、交通、绿化等具体的环境界条件。"[1]

顾老于20世纪80年代中期规划设计的昆明北京路南端商业步行街，就是从城市的大环境入手考虑的。当时，昆明市政府要求规划设计要体现20世纪80年代的水平，要有昆明的地方特色，能成为昆明市的一个对外"窗口"。根据这一城市性质、特征，规划设计力求不滥用高档材料设备，不一味地图"新"求"阔"，而是提高规划设计水平来体现昆明80年代的水平，以形成从中能透出当代昆明市的经济文化水平和精神风貌的"窗口"。由于规划的地段高层旅馆和商贸大楼林立（图4-14），附近又是火车站与汽车客运站"比肩而立"，商业氛围浓厚但环境较差，人车混杂、相互穿插、购物也相互干扰，导致土地利用价值和经济效益都比较低（图4-15a）。根据城市中这一地段的"小环境"，设计确定从提高经济效益和购物环境着眼，从强化功能配置、建筑、交通、市政工程、绿化等综合商

① 周文华. 环境 个性 特色——云南新建筑综评[J]. 云南建筑, 1991 (3-4): 19.

图4-14 顾老手绘北京路南端的建筑环境
（图片来源：顾奇伟，殷仁民. 从建筑走向城市——谈建筑师的城市环境意识[J]. 建筑学报，1992（2））

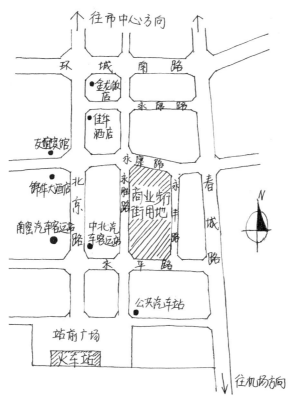

（a）本街坊在昆明市的位置示意图

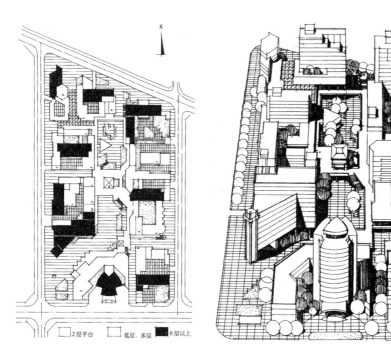

（b）步行街总平面图

□ 2层平台　　□ 低层、多层　　■ 6层以上

（c）步行街鸟瞰图

图4-15　昆明市北
京路南端商业步行街
（图片来源：a笔者
自绘；b、c《建筑
师》编委会编．中
国百名一级注册建
筑师作品选2[M]．北
京：中国建筑工业
出版社，1998，9）

贸服务入手，充分考虑现实条件，采用"扬长补短，提高内在吸引力；合中有分，统而不死；由街入坊，重在坊内；展开铺面，人流分层；重视空间形态，提高环境质量；建筑造型多样统一"[①]的具体设计手法，将由8个相对独立经营管理的定点单位"大串连"成综合步行区——低层商业、多层服务、统一供热、人车分流、内向步行、双层通道、绿化内渗、街巷广场成系列的商贸服务活动区（图4-15b、c）。该街区的设计因为能从城市环境的大局出发兼顾各经营管理单位的经济效益，在商业服务大幅度展开的基础上显著地提高了环境质量（图4-16），得到了政府及各相关部门的支持和认可。直至今天，该街区仍不失为有着昆明特色的街区。

　　峨山彝族自治县烈士纪念碑位于峨山县城最高的山峰上，处于整个县城的制高点，旨在突出先烈们的革命精神。从城市的这一小环境出发，设计者脱开了陈旧、沉郁的碑体模式，按照当地质朴的民风、洗练的民居，8度抗震设防的要求，用三块简洁的水泥石板组合成刚健挺拔的碑体造型，与周围的树木一起隐匿于高

① 顾奇伟. 探索商业步行街的特点——昆明北京路南端商业步行街规划设计[J]. 城市规划汇刊，1986，7（4）：1-8.

（a）顾奇伟手绘广场空间

图4-16　昆明市北京路商业步行街南部广场空间及茶楼

（图片来源：a顾奇伟. 探索商业步行街的特色——昆明北京路南端商业步行街规划设计[J]. 城市规划汇刊，1986，7（4）；b笔者自摄）

（b）广场空间实景

山之上。向上挺拔的碑身，既与周围的参天大树融为一体，与环境相协调；又突出自身，旨在强调要继承烈士建设新世界的伟大理想和不惜英勇献身的革命精神这一纪念行为的真正意义所在（图4-17）。

顾老从"崇自然、不拘于'天道'"这一云南派的特质所引发出来的与环境相协调的现代建筑的这一特征，处处体现在其建筑创作之中。在石林避暑园的设计中，设计者以化整为零的手法布局于乱石之间，建筑巧妙利用梁、柱、屋顶等建筑构件抽象的建筑处理手法求得与环境的共鸣，整个建筑的处理，给人联想到"石林"的韵味（图4-18）。云南人民英雄纪念碑是与近旁已建成半个多世纪重要建筑胜利堂相协调（图4-19）；而阿庐古洞景外区高低错落的爬山廊，是与其自然环境相协调的表现（图4-20）；玉溪聂耳公园内多层次的形体环境，则是统一在周围的环境条件乃至整个城市环境之中（图4-21）。

（a）实景

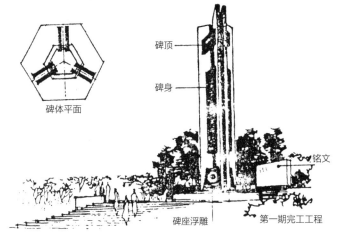

（b）顾奇伟手绘

图4-17 峨山彝族
自治县烈士纪念碑
（图片来源：a笔者
自摄；b顾奇伟.环
境建筑创作[J],
建筑学报，1987
（11））

图4-18 石林避暑园
(图片来源:《建筑师》编委会编. 中国百名一级注册建筑师作品选2[M].
北京: 中国建筑工业出版社, 1998, 9)

图4-19 云南人民英雄纪念碑
(图片来源: 笔者自摄)

(a)实景

图4-20 阿庐古洞
景外区高低错落的
爬山廊
(图片来源: a笔者
自摄; b《建筑师》
编委会编. 中国百
名一级注册建筑师
作品选2[M]. 北京:
中国建筑工业出版
社, 1998, 9)

(b)顾奇伟手绘

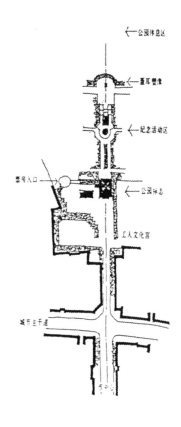

图4-21 玉溪聂耳公园多层次环境示意图
（图片来源：顾奇伟，殷仁民．无招无式 解脱自
我——关于建筑创作思想方法的思考[J]．建筑学报，
1990（8））

4.3.2 与时代相吻合

云南派的另一特质"求实效、不缚于'法度'"，就是要求现代建筑创作要体现出时代精神，与时代相吻合。城市和建筑作为"用石头书写的史书"都烙刻着时代的印记——时代特征与时代精神。现代建筑创作当然要适应当今时代的特点与要求，顾老用自己特殊的建筑语言来表现所处时代的特征。

在圆通街二号商业楼的设计中，设计者从功能、交通组织出发，采用现代材料钢和玻璃，将其抽象变形成进入商业楼的主入口楼梯，具有强烈的时代感和功能作用。在阿庐古洞洞外景观建筑的设计探索中，顾老借"古"的发挥，运用了虚实、契合、层次、韵律等现代设计手法来体现时代特征。另外，早期在云南省交通学校与昆明南窑汽车客运站设计中，顾老以清新自然的建筑造型、生动朴实的体量组合，在前者中展示科研教学上求实进取的时代精神，在后者展示了满足现代交通条件下，追求简洁明快、生动挺拔的时代气息（图4-22）。

时代精神除了用新材料、新技术、新结构这一物质手段体现外，更重要的是满足当代人民的生活需要。在昆明春苑小区的规划设计中，设计者淡化居住组团，强化邻里院落，合理地布置公共建筑，既符合昆明的经济实力、管理水平和

（a）顾奇伟手绘

（b）实景

图4-22　圆通街2号商业楼

（图片来源：a《建筑师》编委会编. 中国百名一级注册建筑师作品选2[M]. 北京：中国建筑工业出版社，1998，9；
b笔者自摄）

地方传统特色，又符合居民活动规律和生活习惯。在公共建筑的设计上采用了圆形这一富有现代气息的造型（图4-23），并点缀着从云南民居中提炼的符号，使建筑既有时代特征又有地方民族特色。设计者从满足人民生活需要出发，创建了一个"方便、安宁、舒适、优美"体现春城特色又具有时代特征的生活环境。

（a）实景

（b）顾奇伟手绘

图4-23　昆明春苑小区幼儿园

（图片来源：a笔者自摄；b《建筑师》编委会编. 中国百名一级注册建筑师作品选2[M]. 北京：中国建筑工业出版社，1998，9）

4.3.3　与大众相亲近

云南派的第三大特质"尚率直，厌矫揉造作"，就是要体现地域建筑文化的人情味，要贴近大众。这种建筑文化也就成了大众文化——"大众能感受、能舒心、能悦耳、能领悟、能亲近、能实惠、能广泛流传的文化。"[①]然而，在云南建筑创作的大地上，出现了"广种薄收"的局面，究其原因之一是许多建筑师盲目追求"高、大、全"的建筑，而忽略与广大平民相关的"矮、小、少"的建筑创作。这一方面需要建筑师有洞察大众文化的敏锐力，还需要建筑师的勇气与责任感。因为那些"高、大、全"的建筑与建筑师的产值、职称、奖金等有着密切的关系。因此，建筑师在创作中要有勇气忘掉个人荣辱，真正地为民创作。在这方面，顾老表现得尤为突出。

在保山三馆的设计前后（前文已经叙述过），顾老始终都表现出建筑师高度的责任感。开始，顾老偶然得知最初方案有所欠缺，便亲赴保山说服领导重做方案，随后凭着建筑师的执着，顾老又亲自主案操刀。对于矗立在五华山上的办公大楼这一"高、大、全"的建筑的建设，顾老更是亲自直言上书省领导，认为五华山上斜对名城中轴建设的16层办公大楼是破坏昆明历史文化中轴的"歪楼"（图4-24）。虽然顾老的建议最终未被采纳，但他的勇气和作为建筑师的责任感是令人钦佩的，他的职业精神是值得赞许的。

建筑是人为的，也是为人的，更是为大多数的平民百姓的。十六层的五华区大楼傲然屹立在五华山之上（图4-25），拉开了与人民的距离。在顾老的创作中，我们也能看到为大众平民所设计的建筑，更能体会到以大众为本的精神。在保山永昌文化中心的规划设计中，其中三馆建筑不求"高、大、全"，而是严格控制总建筑面积在8200平方米以内，以小体量的姿态展现于世人面前，其土建投资在800万元左右，这种小体量、低造价的建设符合保山的经济状况。三馆周围引入广场和绿化，方便了市民日常晨练、休息观赏以及大型的聚会庆典，拉近了与市民的距离（图4-26）。在花卉商住片区，由于都是由户主自己投资，设计者完全按照各户的功能要求，在统一规划的前提下进行每一户的单户设计。数百户单体均非标准设计，有的住户单体方案根据户主的意见进行了多次修改，无不浸透着设计者以民众为本的精神。

4.3.4　与文化相融合

云南派的第四大特质"善兼容、非抱残守成"就是要提倡兼容并蓄地吸收多元文化。多元的现代城镇、建筑文化并举是打破"千城一面""千篇一律"雷同的建筑文化现象。多元并举并不是多样无序的混乱堆砌，也不是芜杂的泥沙俱下，而是古今中外各种文化为我所用，以我为主，切合当代各地实际生活，体现

① 顾奇伟，殷仁民，十字路口的"云南派"——兼谈21世纪的云南建筑文化[J].云南建筑，1993，（3）：2.

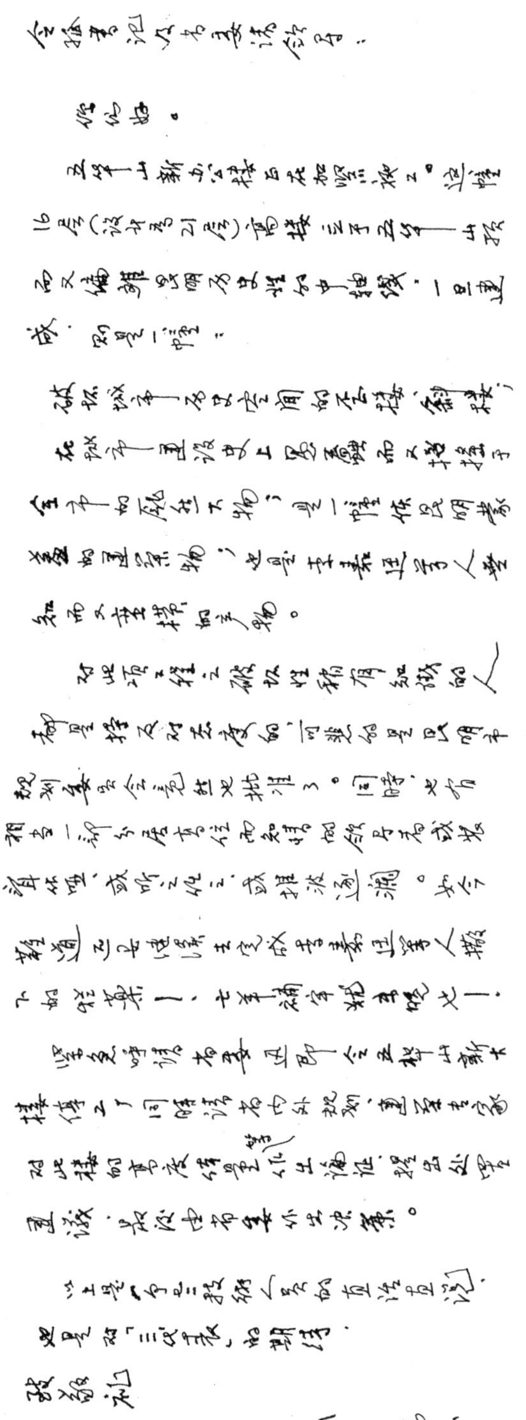

图4-24　顾奇伟写给时任省委领导的信
（图片来源：顾奇伟提供）

图4-25　五华山办公大楼
（图片来源：笔者自摄）

图4-26　保山三馆
前广场
（图片来源：笔者
自摄）

发展与进步。多元并举蕴含着创新，也只有切合实际的创造性才能形成特有的地方性。

丽江木府重建，在无具体记载的前提下，设计者坚持引水入木府，并将现时被街道分割的两片以过街楼连接，目的是体现古城的风貌并融入古城现有的机理之中，同时也满足了现时的交通需要。这一切合古城实际的创造性，成了木府的地方特色。

在阿庐古洞洞外景观建筑设计中，设计者从彝族质朴、豪放、热情、勇敢、洒脱的气质出发，独具匠心地创造出挺拔、简洁、朴实而有力度的建筑形态，这是源于对彝族特质的考虑。此外，顾老从人类建筑的源头的"窝棚"获得灵感去求建筑的古朴韵味，并用现代的设计手法将"窝棚"这一母题进行简化、变异后运用到各个单体建筑中，依据不同的地形、不同的建筑特点做不同的处理，形态多变而基本构成要素不变，形成了简挺通透的入口标志塔、新颖大气的跨水大门、构思巧妙的风雨桥、古朴大方的接待室、依山就势的爬山廊、自然得体的碑亭等一组各具特色而又统一的建筑风格。设计者就是从求特质出发创作当代适应现代生活的新的建筑形态。

顾老的创作是多元的，除了兼有纳西民居特点的木府、具有彝族特质的阿庐古洞洞外景观建筑，还有佤族特色的沧源抗震纪念碑（图4-27），也有重现傣族风情的云南民族村傣族寨等，这些都是切合各地的实际进行再创造的。

如果说，云南派的四大特质是云南传统城镇、建筑一种自发的地域性表现；那么，顾老主动地总结云南派的四大特质则是上升到了一种自觉的行为，把这种自觉的行为加以提炼创新归纳出的云南现代本土创作的四大特色：与环境相协调、与时代相吻合、与大众相亲近、与文化相融合，并积极运用于建筑创作之中，就是一种有意识的、自觉的地域性表现。

图4-27 沧源抗震纪念碑
（图片来源：顾奇伟，殷仁民，无招无式 解脱自我——关于建筑创作思想方法的思考[J]. 建筑学报，1990（8））

4.4 本章小结

云南丰富多彩的城镇、建筑文化是云南本土现代建筑创作的源泉。那么，如何利用这些资源呢？如何让源泉里的水源源不断地流向广袤的云南红土地，永保清澈呢？在文化泛滥的今天，各种建筑现象充斥在城市的每一个角落，泥沙俱下，当然其中不乏精品，但更多的是粗俗的文化，长此以往，作为民族文化大省的云南将会逐渐失去自身的特色。倘若如此，云南将难以成派。顾老以独到的慧眼，从"无派的云南派"到"有特质的云南派"分析，从而总结了孕育在云南多元文化背后的四大共同特质，并由这四大特质找到了现代本土建筑创作的四个方面的特色，同时在自己的建筑创作中有所体现。顾老把云南自发的地域性特色上升到自觉地适应云南本土的地域性创造，为日益失落的云南本土建筑创作找到了方向。

菜物，也是未嘉兴……成文壹横的产物。

对此项工程之破坏性稍有知识的人都是持反对态度的。可悲的是昆明市规划委员会竟然也批准了。同时也有……一部分居有住而知情的领导者或装……哑，或听之任之，或推波逐澜。如今……这是滇溪主定成书嘉廷笔人……桨！七羊補字耙书

启篇

第五章　构建云南本土意识

顾老在《愉悦中的悲凉——十字路口的"云南派"》一文中指出："云南的城镇、建筑文化正处在'万花筒'式的十字路口……'万花筒'，既淹没了精品，也使得拙劣和残次毫无羞涩地混杂其中……'万花筒'，其瞬时变幻的缭乱，抹去了民族和地方文化的光彩。"[1]顾老一语道出了，在云南无论是城市还是乡村，充斥着大量的"脸谱化""庸俗化"、毫无地方特色的建筑，这些建筑到处"穿衣戴帽""反复克隆"导致各地城镇犹如建筑的"万花筒"，进而形成了千城一面，日趋雷同之势。刘东洋学者在《永恒的苍凉》一文中引用了马可·波罗游历云南的经历及感受的两段话后补充道："中国本来就是一个很大的国度。连一个外国人也能看到我们的语言、风俗还有城市，很不相同。今年夏天我去了昆明，感觉这个城市和中国的其他城市没有什么不同。看来，我们都进入2000年的倒计时，进入了环球同此凉热的世纪。不知那般，我胸中泛过一律酸楚，掠过一丝苍凉。"[2]作者的苍凉引发了多数城市及建筑工作者的悲凉。顾老一直在思索在云南为什么会出现这样的情况，他在《缺失了本土文化的城镇能建成民族文化大省吗？》一文中指出了原因的所在，"进行本土文化的建设，必然要去治病态文化，要去找病态的根源，也就想到设计、管理、审批、决策等诸多方面……建筑文化中的病态源于人的思想，尤其是拍板定案者的思想……所以，当务之急是要把城镇、建筑本土民族文化的现代建设要从'建成民族文化大省'的战略高度来抓……"[3]顾老的这一认识也恰恰体现了他的云南本土意识，也正是这样的本土意识才会让顾老意识到：从思想上找病态文化的根源，从战略的高度统筹云南的城镇、建筑的创作。

诚然，那些所谓粗制滥造的建筑既然能够完成设计并且能够实施，必然有其社会历史背景，也多少体现了当时当地的经济状况、文化状态以及人们的生活方式和审美情趣。从这一点讲，这些城市和建筑仍然或多或少地体现了某些"地域性特色"。"但是当前这种城市和建筑所体现的所谓'地域性'是一种自发的、非自觉的地域性，笔者暂且称这种'地域性'叫作'自发的地域性'。"[4]

这种"自发的地域性"具有自发的、非自觉的特性。在本书的第四章，笔者提到了：亚历山大把建筑的建造过程称为不自觉文化和自觉文化两种方式。在亚

① 顾奇伟.愉悦中的悲凉——十字路口的"云南派" [M]//杨永生.建筑百家评论集.北京：中国建筑工业出版社，2000，8：108.
② 顾奇伟.愉悦中的悲凉——十字路口的"云南派" [M]//杨永生.建筑百家评论集.北京：中国建筑工业出版社，2000，8：108.
③ 顾奇伟.缺失了本土文化的城镇能建成民族文化大省吗？[J].城市规划汇刊，2005（4）：18.
④ 孙彦亮，陈灵琳.自觉的地区建筑创作[M]//天津大学建筑学院.第四届全国建筑与规划研究生年会论文集.天津：百花文艺出版社，2006，9：384.

历山大提倡的自觉文化的语境下，我们需要的是具有积极姿态的地域建筑，可称之为"自觉的地域性"，而这种"自觉的地域性"就需要构建地域意识。就云南现代地域建筑创作而言，诚如顾老一样，自觉地构建云南本土意识。

5.1 云南建筑师与云南本土意识

云南的本土意识来源于本土建筑师对云南实际的一种思考：云南地处祖国的西部，她没有北方的庄重典雅，没有南方的轻快飘逸，更没有东部的豪华气派；同处于西部，云南也没有西北的大漠风光，不同于青藏高原的雪域风情，有别于成都平原的闲情景致，更缺少山城重庆的火辣劲爆；她有的却是得天独厚的自然风光、绚丽多彩的民族文化以及众多民族的相互交融；不论从行政区划上，还是从人文地理上，抑或是社会经济发展进程的特质性上，云南都是中国版图上一个独特的区域。

存在决定意识。很显然，在云南，本土知识分子们不可能没有自己的本土意识，建筑师也一样。顾老长年生活在云南，对云南现实有着长期思考并将这种思考体现在自己的建筑创作之中或是融入创作理论之中，自然而然地形成了一种本土意识（图5-1）。在云南，如同顾老一样的广大建筑师们也都倾注着对云南本土的思考，他们或多或少有着这么一种意识。但这里的问题似乎更应该是："本土意识"应该是一种什么样的意识？它应当怎样被看待和定位？以整体辩证的眼光看，笔者认为对这种"本土意识"的认识应建立在两个层面之上，其一是"自我认同"，其二是"自我批判"。

5.1.1 自我认同

云南本土建筑师作为一个整体，有着明确的地缘性，他们长期生活和工作在

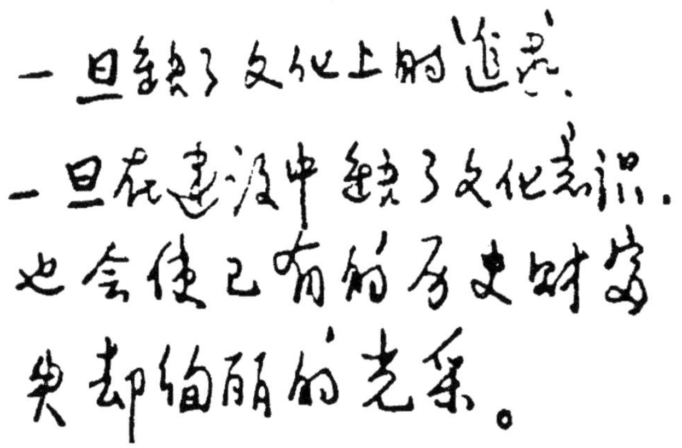

一旦丢失了文化上的造诣.
一旦在建设中丢失了文化意识.
也会使已有的历史财富
失却绚丽的光采。

图5-1 顾老的文化意识
（图片来源：顾奇伟提供）

自己所在的地区和城市，其中的多数生于斯、长于斯，如同像顾奇伟一样从年轻时就来到云南的建筑师前辈都有几十年的本土生活经历，地方和乡土的耳濡目染、浓浓的乡情和乡愁自然会在他们的身上打上深深的烙印。然而，仅仅知道自己的地缘身份与有意识地确认自己的边缘状态以及保持自己与"中心"的差异是完全不同的两回事儿，其中是有着本质区别的。

1. 对边缘化的认同

当前，西部及云南的建筑师在被西方建筑文化边缘化的同时，还经受着被内地与沿海发达地区"中心"建筑文化边缘化的现实，这是一种"双重边缘化"。但是，当今的后现代思想却使我们认识到：过去的思想传统总是把世界看成是一个有"中心"的整体结构；在那里，中心是本源的，其他则是派生的；中心是本质的，其他则是现象的；中心是处于决定地位的，其他则是处于被决定地位的。这样的整体结构体系缺乏变化与更新的可能性，它导致了今天社会结构的僵化和大一统。对此，德里达就曾指出："中心是这样一个点，在那里内容、组成部分、术语的替换不再有可能。"[①]因此，我们应该有这样的理性认识：中心化的结构方式是一种矛盾的自圆其说，事物或文本的结构可以不存在某种确定的中心；"结构永远是不完整的，永远是处在不断被'补充'的过程之中，因而永远是处在开放和变动的过程之中"[②]。

对于西部与云南地区的建筑师而言，则应建立这样的本土意识，即：本土意识并不意味着这些地域的建筑师必须要在当前西部建筑学被整体边缘化的现实窘况下去获得与东、中部建筑师平等的地位，而这样的诉求也不是现实的、理性的。因此，这些地域的建筑师与建筑学的策略应是探寻与显现自己不同于东、中部的"差异性"；这种"差异性"的逻辑实际上是把握西部的社会环境、人文环境和地理环境，在具体的、此地的生活环境中，发现现实需要的、可行的方式，并再将这些"方式"理论化的同时对本土的现实生活与空间环境产生创造性的贡献。顾老对边缘化也是具有认同感的，他在"现代中国建筑创作研究小组"2001年学术年会上指出："竖看历史，横看世界，还是从我们工作的所在地云南说起。云南，上下五千年，历来是中国边陲缺乏吸引力的贫困地区。像许多美国人不了解中国一样，中原地区、沿海地区对云南知之甚少。"[③]顾老的这一见解不仅承认自己的边缘身份，而且是对云南双重边缘化的认同。此外，顾老还认为云南"从古至今属于不发达地区，'不发达'的'同义词'是缺少可背的历史包袱，容易挣脱某些传统的束缚，大胆求发展，放手求进步。"[④]正是对边缘性的认同，顾老才有意识地进行了边缘的创作，才在建筑创作中不厮守招式，进行"无招无式"的创作，达到"无招胜有招"的境地。

① 谢立中，阮新邦. 现代性、后现代性社会理论[M]. 北京：北京大学出版社. 2004，5：50.
② 谢立中，阮新邦. 现代性、后现代性社会理论[M]. 北京：北京大学出版社. 2004，5：50.
③ 顾奇伟. 21世纪中国建筑创作的突破口[M]. "现代中国建筑创作研究小组"2001年学术年会论文.
④ 顾奇伟，殷仁民. 十字路口的"云南派"——兼谈21世纪的云南建筑文化[J]. 云南建筑，1993（3）：2.

2. 对差异性的认同

什么是云南地区不同于内地与沿海地区的差异性呢？有本土学者曾这样总结云南的地理和人文环境特质，即："自然条件的多样性、民族构成的复杂性、历史发展的特殊性、文化特质的多元性。"[1]笔者以为，对于建筑学学科以及建筑创作而言，对这种"差异性"的把握还可以具体表现在各种不同的理性与感性的方面：像广袤的红土高原与蓝天白云、明媚而灿烂的阳光与四季如春的气候、当地人舒缓的生活节奏及平和的处世心态、各少数民族不同于汉族的习俗与生活习惯、丰富多彩的民居类型与聚落形态、堪称博大而精深的传统建造技艺体系，甚至是社会经济发展的滞后及边地人民的贫困等。

1956年，史学大家范文澜先生曾在《光明日报》的《史学》专刊上推荐了一篇云南彝族学者刘尧汉先生的民族学论文《由奴隶制向封建制过渡的一个实例——云南哀牢山彝族沙村的社会经济结构在明清两代至解放前的发展过程》。范先生将这种透着本土气息的研究称为"山野妙龄女郎"，并认为与那种"名门闺秀、贵妇人"式的主流古代社会发展史研究相比较，这样的研究可以从诸佛菩萨的种种清规戒律里解脱出来，其前途大有可为。这样的故事给我们建筑师的启发是不言而喻的，云南能否有一批让人耳目一新的"山野妙龄女郎"般的本土建筑？云南建筑师如要更加的有所作为，是否应当更加自觉地建构有别于其他地区的本土意识？如果说"西安建筑追求厚重""成都建筑把玩轻松""新疆建筑挥洒天性"，[2]那么，云南建筑又当如何呢？云南建筑是否应该更加追求大气天成、拙朴自然？是否应该更加追求一种发自于生命世界内心的浪漫与律动？

对此，顾老有着这样的总结："云南城镇建筑崇自然、不拘于'天道'，求实效、不缚于'法度'，尚率直、厌矫揉造作，善兼容、非抱残守成"[3]，这就是云南城镇建筑不同于其他地区的特质，也是有别于其他地区一种具体的差异性表现。由于对云南差异性的总结与认同，顾老进一步提炼出孕育在差异性背后的云南现代本土建筑创作的四大特色，即"与环境相协调、与时代相吻合、与大众相亲近、与多元相并存"，而且积极地体现在他的创作之中。笔者认为，这种不断的追寻和向精神深处的探究表现出的其实就是一种自觉的本土意识和自我认同。如果本土上的一批建筑师都具有这样一种自信的、健康的自我认同和本土意识，那么，其创作天地就完全会是另外一种气象。

5.1.2 自我批判

然而，人类的思想文明史告诉我们，任何的思想意识如被片面地放大或被推向极致都是危险的，囿于一个地区的"本土意识"同样如此。缺乏理性思辨的"本土意识"如不加节制地被放大和滥用将把"地域性建筑"引入极其危险的境

① 蒋高宸.云南民族住
屋文化[M].昆明：云
南大学出版社，1997，
10：10-20.
② 刘克成.东张西望[J].
时代建筑，2006（4）：
42-43.
③ 顾奇伟.有特质才无
派——探释云南城镇、
建筑特色（二）[J].云
南建筑，1993（3-4）：
17-22.

地。因此，对狭隘和极端的"本土意识"，建筑师应该持有一种批判的态度。顾老对孤立地保护传统文化也是抱有批判态度的，而孤立地保护传统文化正是狭隘本土意识的一种表现（图5-2）。

1. 对狭隘的地域主义思想的批判

我们首先需要批判的是通俗的、民族主义的和怀旧的思想意识及地域建筑形式。这里，人们很自然地想到批判的地域主义思想及其理论。事实上，批判的地域主义强调其双重批判态度：其一是反对那种以西方文化、经济利润、机器标准化生产、消费文化为根基的国际风格和现代主义，反对那种主流、强势的文化对非主流、边缘文化的霸权；其二是反对那种"仅仅采用符号、象征和抒情性的、浪漫的和通俗的地域主义形式"①。

批判的地域主义首先认为对普遍的国际化和普世化的技术应采取谨慎的态度。同样，顾老对现实生活中建筑创作一味地模仿西方建筑尤其是西方的古典建筑也是持有批判态度的（图5-3），这是批判的地域主义的一个方面。其次，"批判的地域主义也认为浪漫的地域主义直接使用人们熟悉的地方元素和图像景观是不健康的，这种简单符号化的方法从根本上是通俗化的，同时，还认为应与绝对的历史主义，以及那种试图回到前工业时期营建形式的传统的地域主义保持距离。"②对于这个层面上的批判，顾老也是赞同的，他认为现在的历史文化名城由于过多地使用雷同的地方元素，致使名城的特色逐渐流失（图5-4）。

在云南这样的边缘地区，狭隘的地域主义问题是极其突出的：不少官员，甚至是业内人士至今还在迷恋于所谓"穿衣戴帽"，相当的地区（如大理、丽江、版纳）对当地民居的具体形式及美学特征符号大量地滥用和复制，对外来观念、方法与技术予以简单粗暴地排斥和拒绝，建筑师也经常受其影响而误入"媚俗的当地建筑形式"的误区之中。

顾老对这种"媚俗的当地建筑形式"也是嗤之以鼻的，他认为这正是造成当今城市的"千城一面"、建筑的"千篇一律"的罪魁祸首。顾老在《阿庐古洞洞前景观建筑》一文中说道："吾等素来不满于在新营造的园林中搬套传统亭台楼

① 沈克宁. 批判的地域
主义[J]. 建筑师, 2004
（5）: 47.
② 王冬. 西部年轻建筑
师的凤凰涅槃[J]. 时代
建筑, 2006（4）: 164.

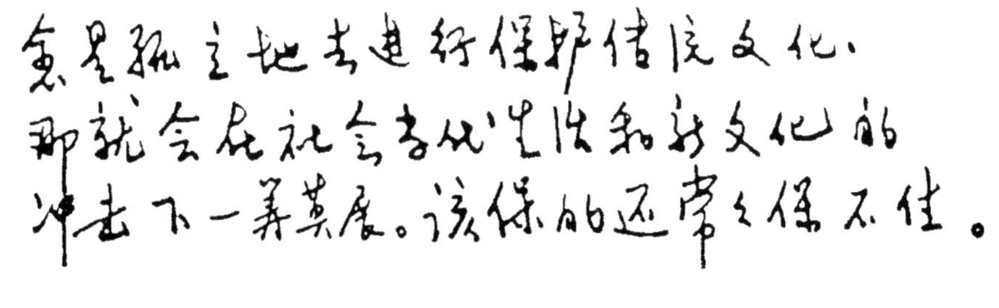

图5-2 顾老对孤立
保护传统文化的批判
（图片来源：顾奇伟
提供）

*（手写体）*若是孤立地去进行保护传统文化，那就会在社会文化生活和新文化的冲击下一筹莫展。该保的还常常保不住。

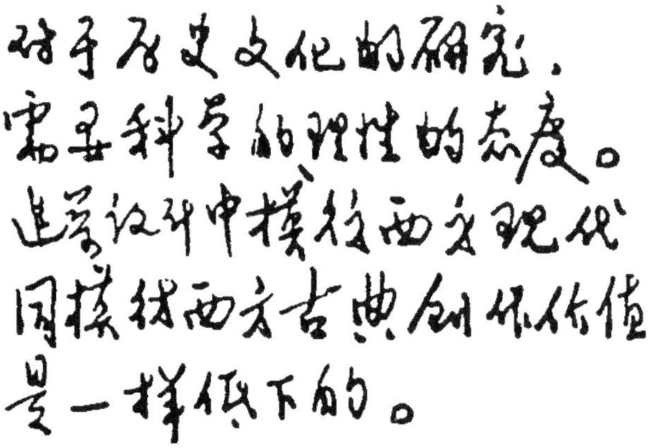

对于历史文化的研究，
需要科学的理性的态度。
进行设计中模仿西方现代
同模仿西方古典创作价值
是一样低下的。

图5-3　顾老对模仿
西方建筑的批判
（图片来源：顾奇伟
提供）

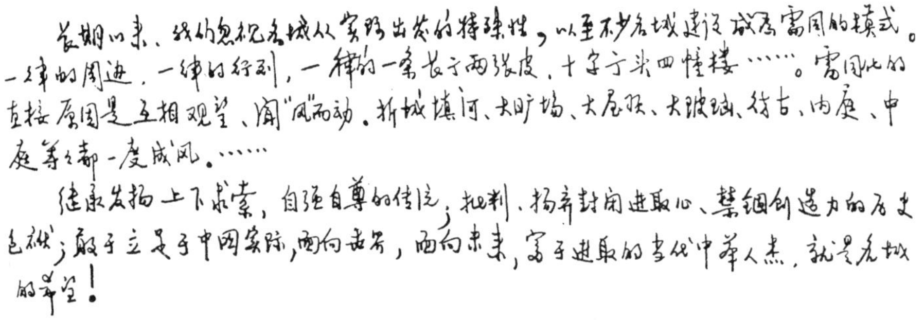

长期以来，纳西鬼城从实践出发的特殊性，以至城域建设都雷同的模式。一律的围进，一律的行列，一律的一条长于两张皮，十字于头四怪楼……雷同化的主接原因是互相观望、闻风而动。折城填河、大厅场、大尾跃、大玻璃、仿古、内庭、中庭等等都一度成风。……

继承发扬上下求索，自强自尊的传统，批判、扬弃封闭进取心、禁锢创造力的历史包袱；敢于立足于中国实际，面向苦者，面向未来，富于进取的当代中华人杰，就是古城的希望！

图5-4　顾老对千城
一面的批判
（图片来源：顾奇伟
提供）

阁、石径小树而造成'千园一面'……吾等亦耻于以'穿鞋戴帽''画脸谱'的复古方式去求古朴……而是从求特质出发去创作出当代中国各地适应现代生活的新建筑形态。"① 正是顾老对这种狭隘地域主义的批判，才使得他在建筑创作中不断地创新。

2. 对云南当下现实问题的批判

本土建筑师还需要持批判态度的是深刻理解当今社会空间背后的政治权力和那只看不见的"经济之手"。建筑师很容易迷入空间、形态、材料、表现的幻想当中。本来，这并非有什么错儿！然而，问题却在于具体的技能与操作如果离开了对现实社会生活冷静与理性的思辨就会显得异常盲目、软弱和无力。笔者认为，这也就是为何国内建筑界目前不少所谓"本土化创作"步入了"当地表层形式语言"与"西方操作范式"的两个误区之中的根本原因所在。

享有世界声誉的法国哲学家亨利·列斐伏尔对都市的研究有巨大贡献。针对在传统思想中空间的概念长期以来一直被看成是静止的、固定的、非辩证的这一问题；列斐伏尔极力提倡对空间的认识应当将历史性、社会性和空间性

① 顾奇伟. 阿庐古洞洞前景观建筑[M]//杨秉德. 新中国建筑——创作与评论. 天津：天津大学出版社，2000，5：33.

结合起来，并提出建立在这一思想基础上的空间研究的"三重辩证法"（triple dialectic）。他曾这样写道："空间一向是被各种历史的、自然的元素模塑铸造，但这个过程是一个政治过程。空间是政治的、意识形态的。它真正是一种充斥着各种意识形态的产物。"①

列氏的思想显然对认识当今地区社会与空间的关系是极有启发的。例如，比起发达地区，社会经济发展滞后的地区长期处于不平衡增长与不平等的阴影之中，这一特征在中国这样的国家体制下极其容易产生的负面效应就是"政府主导"下的、与所谓"市场结合"的、人为加快速度的盲目扩张行为和畸形的城镇化发展。在云南的社会现实中，这样的矛盾点和尖锐点还有很多，如：少数民族文化被消费主义解构的问题，少数民族聚落被迫改变自己生活方式与文化方式的问题，平民与富裕阶层贫富的差距较之内地更大、矛盾更为尖锐的问题，乡村社会的凋敝与农民的贫穷，城市的单极化发展等，这些问题都会以空间的方式暴露出来或集中体现在城乡人居环境的空间中。如果建筑师清醒地认识到这一点，便可对此进行自觉地抵抗，并将这种抵抗融入空间环境设计上的创造性及其技术方法体系之中。

顾老认为："建筑师，作为职业的称谓，受着社会的制约，不能自以为是，反而需要身不由己，入流于世俗之中；听命于'上帝'的安排，随波逐流；若作为事业和学业，又必须承担起'为人'造福的社会责任去探索去创造。"②顾老的这一番话语道出了社会经济、政治对建筑创作环境的影响以及建筑师的责任。顾老批判了在市场经济的驱使下，那些只重视"高、大、全"的建筑创作而导致的"广种薄收"的创作局面以及为了经济利益而使建筑兄弟部门之间封锁技术、切断交流，最终导致低劣的建筑产生的建筑现象。同时，顾老积极抵制不切实际的"长官意志""领导决策"不良的社会现象。对于五华山上建起一栋16层高的办公大楼以及当初为迎接世博会的召开砍掉滇池路上千棵十多米高的大树的这一举动，顾老直言上书，澄清利害，坚决反对。在保山永昌文化中心和昆明春苑小区的规划设计中，顾老从各地的经济发展水平出发，本着户主切身的利益的考虑，创造了经济实用而又有特色的建筑群体，受到了一致好评。虽然，顾老反对在五华山上建高层政府大楼的呼声最终淹没在领导意志之中，保山三馆的创作也是从一种形象出发，但这正是顾老对云南当前现实的批判而表现出来的建筑师高度的责任感和职业操守。

因此，笔者试图说明这样一种思考：云南本土化的建筑创作不但应有"批判的地域主义"的双重批判态度（即对国际式建筑运动的批判和对狭隘的民族意识与乡愁的批判），而更重要的是对中国、西部尤其是云南当下现实问题的批判，

① 包亚明. 现代性与空间的产生[M]. 上海：上海教育出版社，2003：62.
② 顾奇伟. 人为·为人——在中国建筑师学会《理论与创作学术委员会》2000年丽江年会论文[J]. 云南建筑，2000（2）：4.

对各种现实社会思潮与趋势的冷静的观察与抵抗，并将这种"思考和抵抗"融入创作的血脉当中。这既是一种"三重的批判态度"，也是一种"本土的问题意识"；同时，更是一种将西方"批判的地域主义"理论本土化的理论态度。

5.2 从"自发的地域性表现"到自觉的本土意识的建筑创作

云南地域建筑是伴随着云南省的经济社会进步而发展的，新中国成立后，社会经济发展不稳定以及长时间受到政治运动的波及，使得云南本土建筑的发展极其缓慢而又一波三折。曾在相当一段时间内，云南的建筑师都是在封闭的环境中自发地进行设计，这一时间一直延续到20世纪80年代。之后，伴随着中国经济迅速发展，社会环境气氛的逐步缓和融洽，云南的本土建筑迎来了一片繁荣的景象，本土的建筑师们开始由自发地建筑设计步入到自觉地建筑创作之中。

5.2.1 20世纪80年代以前的"自发的地域性表现"

20世纪80年代以前的本土建筑创作如同顾老创作的灰色时期一样，先后经历了国民经济的恢复时期、第一个五年计划时期、"大跃进"和大调整时期、设计革命和"文化大革命"时期。由于各个时期的不同影响，本土建筑创作也是断断续续，总体上处于"自发的地域性表现"。这一自发性的主要表现形式就是"跟风"，先是学苏联之风，后是学复古主义之风。省博物馆，正面为古典式柱廊，带有塔楼、塔尖，这是受到苏联建筑影响的典型，其中象征着"总路线""大跃进""人民公社"贴有政治标签的三面红旗，具有那个时代深深的烙印（图5-5）。云南艺术剧院的改建设计，仍按传统的手法采用五开间的高大柱廊，明显带有人民大会堂的印记，是社会主义内容、民族形式的具体表现（图5-6）。

这个时期虽然也出现了少数优秀建筑，但大部分建筑都是受苏联和复古主义的影响。学习苏联实际上是模仿欧洲的古典主义建筑，学习北京的"民族形式"实际上是照搬复古主义的汉族古建筑，并没有结合少数民族和地方特点，而且造成了一些浪费。这一时期的"自发的地域性"表现，是没有本土意识的，也谈不上地域建筑创作。

5.2.2 20世纪80年代以后自觉的本土意识的建筑创作

顾老以自身的创作经历认识到，要繁荣云南的建筑创作不只是靠一两个创作作品的出现，而是要形成一个建筑创作的群体，出现一大批创作作品，这就需要形成一种自觉的本土意识建筑创作风气（图5-7）。20世纪80年代以来尤其是近些年，云南本土的建筑创作实践总体呈现出本土意识逐渐增强、各类探索呈现出丰富多彩之势，创作水平有一定提高；但较之发达地区，笔者以为这种进步显得步

第五章 构建云南本土
意识

图5-5 云南省博
物馆
（图片来源：笔者
自摄）

图5-6 云南艺术
剧院
（图片来源：笔者
自摄）

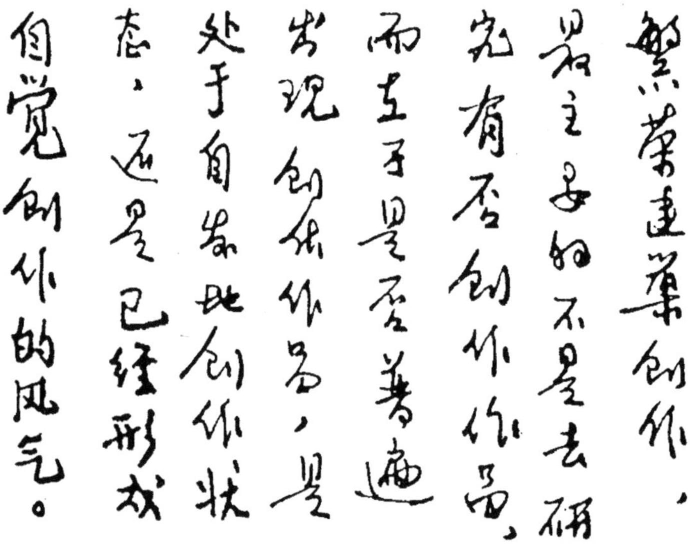
繁荣建筑创作，最主要的不是去研究有否创作作品，而在于是否普遍出现创作作品，是处于自发地创作状态，还是已经形成自觉创作的风气。

图5-7　顾老对自觉的建筑创作的认识（图片来源：顾奇伟提供）

履蹒跚、举步维艰，并没有本质与内在的突破。这样结论的理由有以下几点：一是从建筑学学科的高度看，云南的建筑创作在学术和理论上缺乏广泛、深入、系统和自主性的研讨，本土创作思想及理论总体贫乏；二是还缺少一批在国内产生影响的、有力度和深度的设计作品；三是在国内建筑界有影响的、真正有所建树的建筑师凤毛麟角，优秀建筑师群体难成群星璀璨之势。

尽管云南本土总体建筑创作并不令人满意，但仍有不少项目的建筑设计是有一定深度和力度的，也是值得尊敬的。笔者认为，设计过程中是否对现实社会的有自觉的认知和批判、是否有自觉的本土意识、设计是否与本土要素有紧密和恰当的关联是衡量、评判本土设计作品的三个重要方面。

1．体现本土意识并与本土要素关联的建筑设计

早在20世纪80年代，云南就出现过石林宾馆新餐厅（图5-8）、西双版纳竹楼宾馆（图5-9）等寻求当地本土精神、并与当地相关因素产生关联的建筑设计。进入20世纪90年代以后，这一态势得到进一步深化及发展，并逐渐演化为这样一些设计走向。

其一是注重对传统及乡土建筑的优秀品质进行抽象和转换，并由此产生地域性建筑技术思想的设计走向。

顾老设计的泸西阿庐古洞洞外景区建筑则着力于表达当地彝族自然、质朴、豪放、热情、勇敢、洒脱的文化气质，设计者借村野田间比比皆是的“窝棚”这一建筑的源头为母题，并结合“嵌入”“分离”等现代设计手法，使建筑透出自

图5-8 石林宾馆新餐厅
（图片来源：笔者自摄）

图5-9 西双版纳竹楼宾馆
（图片来源：笔者自摄）

然清新的乡野情趣和地域特征；同时，尊重当地地情地貌、谦逊避让以充当自然景观之配角、内部使用功能等建筑与环境的诉求也在"窝棚"这一建筑意象及形态的统领下得到了有机地整合。云南民族博物馆是20世纪90年代的设计作品，该建筑虽在形式上有着强烈的那个年代的所谓"新乡土主义"风格，但其本土精神与内涵却更多地体现在平面及空间组合之中。设计者研究了"三坊一照壁""一颗印"等云南院落式民居的院落空间构成及类型特征，同时结合建设用地位于风景区的场地特征、云南的气候条件、博览建筑的采光通风要求等因素；将主要场馆建筑形成若干个"凹"字形平面、三面展厅围绕其中、有半开敞天井的组合单元，各组合单元又沿主轴线围绕中央庭院布置构成建筑的整体。这样，每个展厅相对独立，但整个展线及空间是连续的；"凹"字形的展厅利用天井采光，故展厅外墙基本不设采光窗而便于布置展品和解决眩光问题。在今天看来，可以认为该建筑的设计策略是将云南乡土建筑的"院落"作为一种特制的概念，从而抽象成为一种技术思想并以此来形成设计过程和达成各个方面的整合。换言之，这里的"院落"已成为沟通现代博物馆与本土地域性之间最恰当的桥梁（图5-10）。而近期建成的西双版纳"华兴苑"国宾馆（图5-11）则同样是将傣族传统民居中的"干栏"作为设计概念并用来凸显酒店的地域性特征。这方面的设计案例还有将彝族山地村落顺坡层层跌落的形态加以抽象化及意象化而设计的楚雄州博物馆（图5-12），将滇西北藏族夯土民居的形式及形态特征进行转换而设计的香格里拉高山植物园观景台（图5-13）等。

其二是注重把地域中的文化要素作为重要的本土要素并将其融入、整合到设计过程中的设计走向。

昆明市博物馆建于昆明原古幢公园内，用地中现存有唐代的古经幢一座，其原有位置不能移动。设计者将古经幢视为一个重要的地域文化要素，因势利导，建构了以"古幢展厅"为中心的、有碑亭意向的主体建筑。古幢展厅与前部的柱廊、水池、大门形成了礼仪中轴线，轴线的东侧布置了进厅和主要展馆，西侧则是预留的发展用地及辅助用房。古幢展厅为一半开敞下沉式的空间，古经幢位于其中；这样的布置既满足了观众观赏古经幢的需求，也保持了古经幢原有的温度与湿度环境，并使其不受风雨日晒的侵蚀。这也是由于顾老作为方案的修改者，紧紧抓住"古经幢"这一历史文化要素并将其作为主要切入点去构成建筑整体，因而使该建筑具有了明确的地域特质和文化品位，并恰如其分地显现出博物馆建筑的拙朴、雅致和凝重（图5-14）。中国科学院地质古生物研究所澄江古生物研究站位于云南玉溪澄江寒武纪化石群的发掘地。设计从一开始就将古生物化石的发掘视为一种特殊的地域文化要素，极力寻求建筑形态与古生物固有特征之

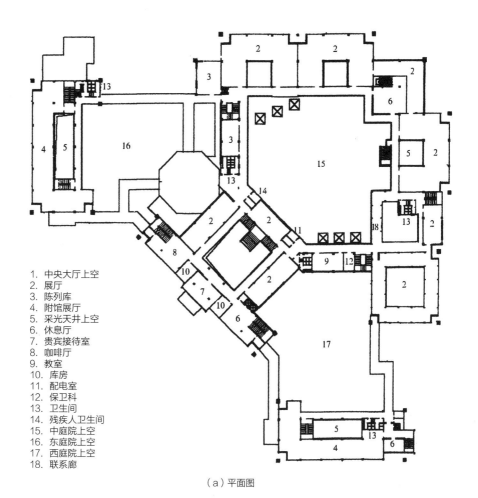

1. 中央大厅上空
2. 展厅
3. 陈列库
4. 附馆展厅
5. 采光天井上空
6. 休息厅
7. 贵宾接待室
8. 咖啡厅
9. 教室
10. 库房
11. 配电室
12. 保卫科
13. 卫生间
14. 残疾人卫生间
15. 中庭院上空
16. 东庭院上空
17. 西庭院上空
18. 联系廊

（a）平面图

（b）实景

图5-10 云南省民族博物馆

（图片来源：a冯志成，程政宁.云南优秀特色建筑设计选[M].昆明：云南民族出版社，2003，8；b笔者自摄）

图5-11　西双版纳
"华兴苑"国宾馆
（图片来源：云南省
设计院提供）

图5-12　楚雄州博
物馆
（图片来源：冯志
成，程政宁.云南优
秀特色建筑设计选
[M].昆明：云南民
族出版社，2003，8）

图5-13　香格里拉
高山植物园观景台
（图片来源：柏文峰
提供）

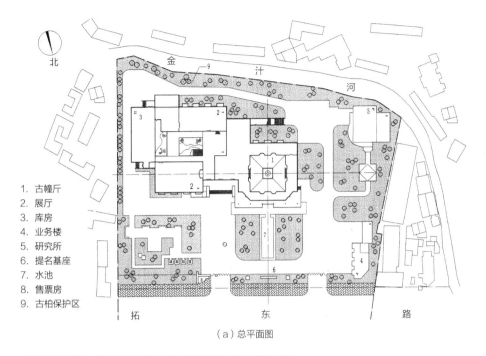

1. 古幢厅
2. 展厅
3. 库房
4. 业务楼
5. 研究所
6. 提名基座
7. 水池
8. 售票房
9. 古柏保护区

（a）总平面图

图5-14　昆明市博物馆
（图片来源：a冯志成，程政宁．云南优秀特色建筑设计选[M]．昆明：云南民族出版社，2003，8；b笔者自摄）

（b）实景

间的契合点；建筑"仿生"形态的圆、壳、层层相扣意味着设计者对类比隐喻之手法的青睐和重视，也表征了强烈的地域性和独特性；与"灰姑娘"虫相似的形态——圆圆的头甲、突出的眼睛、细长的触须、相互缠绕的肢体被抽象变形后所形成的具有生物特征的建筑语言可以说是手法主义的，但却又是符合美学基本法则和意味深长的（图5-15）。昆明市中级人民法院审判大楼设计极力彰显法文化精神，以开放式的临街广场、大面积的玻璃、对称的格局、雄浑简洁的建筑手法来体现法律的公开、公平、公正，其在设计中抓住法文化精神以凸显建筑特质的方法与策略同样也是清晰可见的（图5-16）。云南保山在历史上曾经是哀牢文化

图5-15　中国科学院地质古生物研究所澄江古生物研究站
（图片来源：冯志成，程政宁. 云南优秀特色建筑设计选[M]. 昆明：云南民族出版社，2003，8）

图5-16　昆明市中级人民法院审判大楼
（图片来源：笔者自摄）

的核心区域，而铜鼓文化则是其代表之一；因此，保山三馆（博物馆、文化馆、图书馆）建筑群则独辟蹊径，借铜鼓形象的神似及类比来获得人们对地域性的认同。

其三是注重研究分析当地材料与建造技艺的演变，并在此基础上衍生出建筑特质的设计走向。

西双版纳傣族新民居七号是一个在当地进行的新干栏民居建筑的试验项目；其主体结构采用了整体预应力的装配式钢筋混凝土板柱体系，屋面则采用钢屋架、木挂瓦条的混用方式。该项目设计的立足点之一就是在当地建筑材料发生变化的前提下研究新材料、新结构在"干栏"建筑中使用的可能性及可行性。而正是这种在"传承"前提下的结构和材料的演变使得该建筑拥有了自己的特质（图5-17）。弥勒红河卷烟厂"红河苑"休闲公园茶室则是一个玩味各种材料的组合且将材料与构造精致化的典型案例。设计对墙体砖饰、石作、木作等细部做了精心的考虑，再结合建筑适宜的尺度、轻快的形式风格和温馨的庭院环境，使该建筑总体给人一种愉悦的感受。这里，建筑师显然对传统材料、当地材料、现代材料的组合、构造以及它们所能够带来的地域性表现力是深谙于心的（图5-18）。

图5-17　西双版纳傣族新民居七号

（图片来源：冯志成，程政宁. 云南优秀特色建筑设计选[M]. 昆明：云南民族出版社，2003，8）

图5-18 弥勒红河卷烟厂"红河苑"休闲公园茶室
（图片来源：郭玮提供）

在顾老设计的保山永昌文化中心也大量地使用地方材料，做到高材精用、平材巧用、低材高用，既支持了地方材料生产又使环境自然亲切。而丽江悦容山庄（图5-19）、香格里拉悦容山庄则同样对乡土材料有着明显的诠释性表达。在这里，乡土材料的使用及其与现代材料的结合其实都是在解释和叙述着设计者和建造者们对地域文化和民族文化的理解及其态度。

其四是注重挖掘、分析城市及建造场所的内在关系，并在其中寻求与地域要素发生关联的设计走向。

昆明市新闻中心（图5-20）自觉地对中国城市中惯常的单位利益倾向进行了有意识的抵制，设计抓住了三个方面的城市空间关系：建筑单体与城市主体的关系、建筑布局与用地环境的关系、建筑造型与行业特点的关系。首先，建筑主动地退让红线，留出了近5000平方米的广场空间，给繁闹的都市留出了大片绿化和喘息的空间，缓解了高层建筑对城市街口的压力，这是对城市空间结构的尊重。其次，由于位于一块非规则的多边形用地上，因此建筑采用了"S"线形的形体布局与用地环境发生关联。最后，该建筑用玻璃幕墙、中庭网架结构体系等

图5-19 丽江悦容山庄
（图片来源：云南省设计院提供）

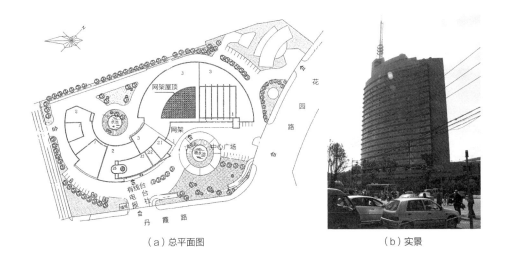

（a）总平面图　　　　　　　　（b）实景

图5-20 昆明市新闻中心
（图片来源：a冯志成，程政宁. 云南优秀特色建筑设计选[M]. 昆明：云南民族出版社，2003，8；b笔者自摄）

特定的语汇表达了开放、自由、快捷、高效的行业特征和城市资讯时代。玉溪
聂耳公园，则是从聂耳所处的时代出发，从纪念聂耳为民族兴亡的革命开拓精
神和体现聂耳热情奔放、直率开朗、富于朝气的气质出发，确定了公园的时代
特征，与整个玉溪市纪念聂耳的氛围融为一体。大理红龙井旅游文化中心（图
5-21）、丽江束河古镇保护与更新都属于旅游地产商业开发项目，建筑师用白族、
纳西族三坊一照壁、四合五天井的建筑形态以及当地乡镇聚落的空间肌理将自己
的地域文化追求与开发商宏大的经济目标之间进行了协调和整合，设计在一定
程度上可以被认为是一种对狂热的商业消费主义的消解和抵抗。而昆明城市建设
展览馆（图5-22）则用另一种方式诠释着城市，其中的索拉式点挂玻璃、复合彩
板幕墙似乎更表达了建筑师对"春城"明媚、时尚、开放的城市精神的体味和
刻意追求。同仁街是昆明近代时的一条有骑楼风格的老街，后被拆毁。昆明同
仁精品步行街项目（图5-23）以恢复老同仁街原貌为宗旨，建筑底层柱廊形式承
袭老同仁街文脉；建筑师在空间尺度、墙体界面、建筑细部等方面既注重对老
同仁街传统建筑形式的传承，也注重明快简约的现代处理；这些都体现了建筑
师对城市建造场地场所感的把握和重视。在云南，这一类注重城市、场所与地
域性之关系探索的设计作品还有不少，如昆明滇池国家旅游度假区会议接待中
心等。

其五是注重将本土自然、人文要素与绿色生态思想加以结合的建筑设计
走向。

昆明世博生态社区项目中的概念住宅（图5-24）和茶室等建筑探讨了革新意
义上的和传统意义上的建造手段。设计在生态策略上主要把握了争取阳光、减少
外表面积以降低散热量、节约用地几个方面；此外，项目还探索了具有生态效应
的轻钢结构、竹结构体系，改造了原有池塘成为湿地景观系统等①。由于这些生
态建造策略与手段都是立足于昆明本土气候特征与场地特征之上的，因此，建筑

① 华峰. 昆明世博"IN
的家"概念住宅生态
设计策略[J]. 时代建筑,
2006（4）: 128-133.

图5-21 大理红龙
井旅游文化中心
（图片来源：云南省
设计院提供）

第五章 构建云南本土
意识

图5-22 昆明城市建设展
览馆
（图片来源：笔者自摄）

图5-23 昆明同仁步行街
（图片来源：笔者自摄）

图5-24 昆明世博生态城
概念住宅
（图片来源：笔者自摄）

与环境创造中所蕴涵的本土意识以及地域特征也是明显的。同样，香格里拉高山
植物园节能办公楼（图5-25）也在研究地域气候和当地适宜性技术的基础上在以
下几个方面进行了有益和卓有成效的探索，这包括：基于高寒地区气候的南向太
阳暖棚，太阳能低温热水循环辐射采暖地板，加入了竹及植物纤维的维护墙体，
对传统技艺传承与改造基础上的、加入了植物纤维的夯土楼地面，以及可替代传
统木闪片屋面的新型植物纤维瓦屋面系统等。而云南大学丽江旅游文化学院楼
群（图5-26）则结合场地进行因地制宜的规划设计，尽可能使用对生态和生物圈
系统产生最小负面影响的设计手段，包括采用具有丽江特点的水景观溪流系统、
本地原生的园艺植物、使用当地丰富的卵石材料等。顾老在西双版纳国税办公
楼（图5-27）设计中，充分强调了生态环境。由于当地气候炎热，建筑师采用局
部透空的手法，增加空气的流动利于热量散发，并在透空的空间中强调绿化改善
局部小气候；底层采用当地干栏的建筑形式，局部架空，形成避免日晒的室外灰
空间；屋顶局部起斜坡，便于安置太阳能板等，这些都是出自于对当地的自然气
候、生态思想的考虑。

2. 体现对现实功利社会批判的建筑设计与建造

在对城市与建筑进行规划设计的操作时，设计主体对现实功利化及消费主义

图5-25 香格里拉
高山植物园节能办
公楼
（图片来源：柏文峰
提供）

图5-26　云南大学
丽江旅游文化学院
楼群
（图片来源：云南省
设计院提供）

图5-27　西双版纳
国税办公楼
（图片来源：顾奇伟
提供）

特征的社会及状态进行批判是发展地域建筑的重要方面。在这方面，设计者所采取的策略大约有两个方面，其一是认知层面上的批判与谨慎的、技术层面上化解的设计策略；其二是认知层面的批判与有意识的规避和主动边缘化的设计策略。前者的设计实践在上节中已多有分析，这里不再赘述；后者的设计实践则一反功利社会通常的建造程序，远离主流并立足于"边缘"进行设计与建造；与大量建筑相比，它们当属少数，但其意义却不可漠视。

（1）随遇而安的玻璃盒子——杨丽萍、赵青住宅

杨丽萍、赵青住宅（图5-28）坐落在云南大理洱海之滨的双廊村玉玑岛，

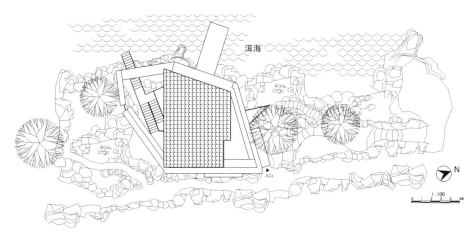

（a）总平面图

（b）实景

图5-28　杨丽萍大理住宅平面与实景（图片来源：a笔者自绘；b笔者自摄）

均由艺术家赵青设计。设计者并非建筑师，但却对建筑、环境有敏锐和独到的把握。两幢住宅比肩而立，面海背村，屹立于嶙峋的大石之上，与大树相拥而立……安详、静谧、和谐，建筑与环境的相融相生体现了特定建造地点的场所精神。艺术家倾心于材料魅力的表达，运用玻璃、钢、石材建构了一个开敞透明、阳光明媚、物我交融的栖居场所。两幢建筑都是由艺术家（也是业主）个人进行设计，在没有施工图纸的情况下，亲自指挥当地工匠建造起来的，其中所体现出的建造观和本土意识是意味深长的。艺术家既是使用者，也是建造者，他们摒弃了城市中的宏大规模，在远离城市"中心"的乡村随遇而安地进行着自己的创意工作并享受着在"边缘"建造的快乐。他们对建造过程的兴趣远胜于对规模的追求，对建筑意境的把玩远胜于对物质功能的满足，对场所特征的感悟远胜于对形式的想象。相对于建筑师而言，他们以自己的方式保持着与世俗社会的距离。因此，他们的创作也更加飞扬、更加自由。

（2）玩世不恭的雕塑建筑——罗旭土著巢

对功利社会和"普世化进程"的回避和抵抗在罗旭建造的土著巢（图5-29）中更为突出。罗旭是一个来自于民间的雕塑家，兼有匠人与文人的双重身份，"一头是真正在深山荒野间、仍然靠着手传心授的旧艺勤勉度日的匠人，另一头却是城市书斋内纤尘不染的浪漫文人"[①]。他于热闹现代都市的郊区、繁忙的贵昆路旁搭起了世外桃源，美其名曰"土著巢"，其灵感来自于对母体感情的记忆，一种简单形式的复原。他高高垒起围墙，紧闭铁门，以一种大隐隐于市的姿态规避着墙外繁闹的社会，似乎要把尘世的一切拒之于门外。土著巢给人的感受是不可名状的，它既像地上长出的蘑菇，又像原来当地曾经有过的砖窑，还真真切切给人带来原始聚落或母体卵巢的想象；粗糙的砖砌体、高低错落的地坪、昏暗的光线、顶部天窗透进的光线、精灵般的雕塑更让人觉得是置身于神灵的世界之中。而土著巢的建造则更是让现代的建筑师们匪夷所思；罗旭用路边随便请来的民工，没有专业施工队，没有工程机械设备，更无所谓专业的建筑设计；他依靠自己的知性指挥工人用传统的红砖一圈一圈往上叠加砌筑，并最终成为高十几米甚至二十多米的巢穴。在这里，艺术家将自己的灵性和妄想与传统工匠的手工制作方式融为一体，更凭着自己的直觉和智慧突破了"现代建筑以数学和结构为准绳的樊篱"[②]。而土著巢还让我们感兴趣的是原来为躲避尘世而建造的群落何以在世俗社会及尘世者那里得到了巨大的反响和认同，这里我们似乎看到了"边缘"对"中心"所产生的力量。

（3）规避主流的"乡土建造"——海东艺术中心

吕彪是一名建筑学教师，具有艺术家气质；他与几位朋友一起在丽江黄山村

① 叶永青，吕彪. 妄想和异行——罗旭的昆明土著巢[J]. 时代建筑，2006（4）：140.

② 叶永青，吕彪. 妄想和异行——罗旭的昆明土著巢[J]. 时代建筑，2006（4）：143.

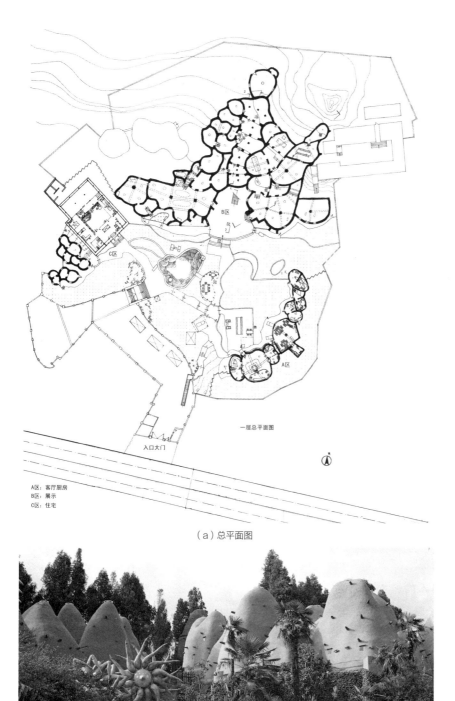

一层总平面图

入口大门

A区：客厅厨房
B区：展示
C区：住宅

（a）总平面图

（b）实景

图5-29 罗旭土著
巢平面与实景
（图片来源：a叶永
青，吕彪. 妄想和
异行——罗旭的昆
明土著巢[J]. 时代
建筑，2006（4）；
b笔者自摄）

自己动手，将当地的一座老院落改造成自己的工作室（也称海东艺术中心）
（图5-30）。他们利用当地材料，甚至收集村中的垃圾废料进行建造，将当地的工
匠技艺与艺术家的意趣在自我建造的模式下融为一体；其对边缘的追寻和对遁入
乡野以远离都市的指向与赵青、罗旭有异曲同工之处。只是相形之下，作为建筑
师的吕彪，对于建筑学意义上的"乡土建造"的追求更有意识和更有理性。

（4）外来建筑师的"本土建造"——丽江玉湖小学

丽江玉湖小学（图5-31）的设计者并非生活在云南本土，但设计中的本土意
识却是清晰可见的。从纳西传统院落基础上演变而来的建筑空间类型，出自于当
地的白色石灰沉积岩、卵石、木材、瓦等建筑材料的使用，过程中所采用的当地
工匠和工艺的建造模式都表明了设计者对当地自然、文化、技术的理解和关注。
尽管建筑建成后的一些使用问题被有些学者诟病为有利用乡土要素而进行建筑师
自我表达之嫌。但是，建筑师能够专注于玉湖村这样贫困乡村的小学设计本身就
已表明了一种对当今功利社会的"边缘姿态"，而其建筑的建造结果与当地各种
本土要素的关联也是真切和实在的。

（5）远离中心的"边缘建造"

在云南，还有一批生活和工作在本土的建筑师和学者，他们对乡村在当今功
利化社会中被"边缘化"、对农民生活艰辛与苦难的状态有着清醒的认知和体察，
他们将自己的视野投向贫弱的少数民族村落，力图通过自己的努力及技术工作为

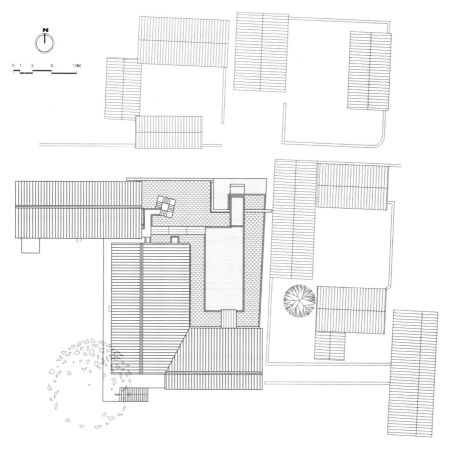

（a）总平面图

（b）实景

图5-31　丽江玉湖
小学
（图片来源：a笔者
自绘；b笔者自摄）

图5-32　永仁绿色乡村生土民居
示范工程
（图片来源：永仁绿色乡村生土民
居示范工程提供）

贫困农民的人居环境改善尽绵薄之力，从而表现出另一种形式的"边缘和批判
姿态"。

　　云南金沙江流域山区原住居民易地扶贫搬迁工程是一项有意义的工作。建
筑师周伟及工作团队负责其中永仁县部分彝族聚落的绿色乡村生土民居示范工程
（图5-32）。针对原住居民地处深山、政府财力有限、彝族百姓基本无力建造砖房
等搬迁工程易地重建的现实复杂性；项目在大量具体的试验、研究、技术工作的
基础上，重点在"改善与改造传统的彝族土围护墙建筑""研究并推广实施经济、
实用、充分利用太阳能、风能等自然资源的绿色生土民居建筑""让新迁居民在有
限经济条件下住进传统材料构筑的具有地域特色的高质量现代家园""保护新迁地
生态环境、创造持续发展的绿色人居环境"等方面做了富有成效的工作。经过三
年的努力，这些彝族乡民已迁入了新村并真正拥有了属于自己的舒适的居所。

　　柏文峰教授等人在香格里拉格咱乡费卡小学（图5-33）的设计与建造中同样
在基层的乡村中做了大量具体而有实效的工作。该项目使用了整体预应力装配式
新型结构并与木结构结合，从而在安全的前提下使构件小型化、轻量化以及无损
拆除和回收利用等绿色结构目标成为现实可能；在没有人工热源的前提下，充分
利用南向太阳辐射使墙面和楼面蓄热从而提高了室内热舒适度；采用了以麦秸、
稻草秸、玉米秸、烟杆、芦苇为主要材料制成的植物纤维瓦，并将其用于替代当
地木材耗用量较大的传统木闪片瓦；继承并改进了当地藏族传统民居夯土墙的墙
面土浆涂料；将火炕、火墙等乡土建造技术加以改造并形成了火墙采暖系统；建
立了蔬菜大棚、猪圈、沼气池三位一体的、废水和粪便污水分流处理的沼气及生
活污水处理系统，使建筑污水零排放成为可能。

图5-33　香格里拉格咱乡
费卡小学
（图片来源：柏文峰提供）

　　总之，云南本土建筑创作离不开云南本土意识。顾老在自己的创作中也积极体现着云南的本土意识。意识是一种认识，这种认识可能是全面的、正确的，也可能是片面的、错误的，这就需要不断地自我总结、自我批判。顾老在50年的创作中一直不断地总结，把认识提升到理论的高度，写了一系列的总结本土意识的理论文章，如《无派的"云南派"》《有特质　才无派》《十字路口的"云南派"》等。由这些理论指导创作实践，诞生了阿庐古洞洞前景观建筑、玉溪聂耳公园、建水燕子洞洞前区总体设计、云南民族村傣寨、彝寨等一批有深远意义的本土作品。诚然，像顾老一样有着自觉的本土意识的建筑师也越来越多，如文中提及的建筑师也都有此意识，但比之云南本土的总体建筑创作仍是极少数。云南地域性建筑创作发展仍显得步履蹒跚、举步维艰。

5.3 从构建云南本土意识到建立云南"地域建筑学"

本土学者王冬教授在《我日斯迈 尔月斯征——有感于云南省优秀特色建筑设计评选》一文中提出了这样一个问题："在云南能有'地域建筑学'吗？"[①]答案是肯定的，因为本土的许多建筑师都有本土意识，为何不进一步把这种意识升华到"地域建筑学"的理论高度呢？

在国内外一些大型建筑项目招标中，国外建筑师屡屡夺魁，其次是国内发达地区的建筑师，最后是国内欠发达地区的建筑师。大家不得不承认差距，著名的学者张钦楠认为："在诸多原因中，我感到理论建设的落后是当前造成'差距'的主要原因。"[②]在很长一段时间内，建筑师队伍中存在一种"理论贫乏"与"轻视理论"并存的现象，正是这种轻理论的风气导致理论的贫乏，最终使建筑创作带有很大的盲目性，不但限制了创作水平的提高，也使建筑偏离"地域"的轨道。

"建筑本来是地区的，因为它建设在相应的地域、地区、地方、城镇和地段，而且是为地区的人服务的，所以就地区而言，从某种意义上讲，地区性是建筑的属性。"[③]由于各个地区间的差异，地区建筑学已按各地区自身的发展规律渐渐发展成了有各自地域特色的建筑学，如日本、印度、马来西亚等国家以及国内的岭南等地区。

那么云南呢？我们要把云南的本土意识转化为整体多元的地域建筑观，升华到"地域建筑学"的这一理论高度。所谓多元，是云南本土特色的一种体现，也是"地域建筑学"一种开放式的走向。所谓整体，则体现一种群体的活动。"建筑学作为一门综合学科，其理论建设只能是一个群体的活动，不可能只依赖于一二名杰出人物。"[④]这样的理论才高于意识，因为意识是个人的认识有太多的模糊不清，只有彻底清除这些模棱两可的认识达成一种本土的共识，进而构建云南的"地域建筑学"。

只有这样的"地域建筑学"理论才能指导实践，只有在本土建筑师队伍正视建筑理论建设的重要性，并在理论和实践上用群体的两条腿并进的基础上，云南才能真正缩小现有的差距，才会有更多更好的本土现代建筑作品诞生。

① 王冬. 我日斯迈 尔月斯征——有感于云南省优秀特色建筑设计评选[J]. 云南建筑，2002（3）.

② 张钦楠. 特色取胜——建筑理论的探讨[M]. 北京：机械工业出版社，2005，7.

③ 张彤. 整体地区建筑[M]. 南京：东南大学出版社，2003，6.

④ 张钦楠. 特色取胜——建筑理论的探讨[M]. 北京：机械工业出版社，2005，7.

5.4　本章小结

　　云南的建筑师应该具有本土意识，顾奇伟是如此，广大的建筑师队伍也应该如此。有了意识才可能主动地去探索、研究和实践，但这种意识不仅仅是一种自我认同，而且还包含着对云南当下现实的一种自我批判，这种批判更是一种"三重"的批判态度。要进行地域建筑创作，只有意识还不够，还必须建立云南的"地域建筑学"理论，"理论和创作实践的同步繁荣才使人感到真实和踏实，才给人感受到创作队伍群体的脉搏和活力"①，只有这样，云南地域性建筑才能朝良好的方向发展，也终将会迎来灿烂的春天。

① 顾奇伟. 于无声处待
惊雷——对建筑理论园
地的期待[J]. 建筑学报，
1996（3）：28.

探玄篇

第六章　云南本土建筑实践

云南丰富多彩的民族文化、独特的传统民居建筑，为云南本土的建筑创作提供了肥沃的土壤。笔者依托云南本土的自然资源和人文资源，进行云南本土建筑创作。以下是笔者的本土建筑创作实践案例。

6.1　新乡土建筑的创作表达
——以云南九乡风景区大门及游客中心设计为例

通过对乡土建筑发展脉络的梳理，归纳了地区文化和地域环境是新乡土建筑的重要因素。并从地区文化、自然环境和地方材料三个方面，对一个实际案例进行了新乡土建筑创作的表达。

6.1.1　乡土建筑的发展

乡土建筑最早源于20世纪60年代中期，鲁道夫斯基（Bernard Rudolfsky）在纽约现代艺术博物馆举办了主题为"没有建筑师的建筑"的展览并出版了同名著作，轰动一时，使整个建筑学术界重新认识"非主流建筑"。鲁氏打破了以往狭窄的建筑艺术概念，重新认识和评价乡土建筑。"乡土建筑的特色是建立在地区的气候、技术、文化与此相关联的象征意义的基础上"[①]，其特质之一"是当时文化的一种记录和自然反映，它传承和延续了几代人的技艺和建筑思想。"[②]

到了20世纪60年代末期，拉普普特（Amos Rapopport）在《住屋形式与文化》（House Form and Culture）一书中对乡土建筑的有关概念进行了描述并揭示了乡土建筑的意义，他把乡土建筑又可以分为"工业化之前的乡土建筑"和"现代的乡土建筑"。并认为乡土建筑首先是具有"共性"，其次才是具有个别差异性，而且在不断地变化，但这种"变化"不会造成视觉或观念上的改变。这是对乡土建筑深层的、非表面的特征的一种总结。拉氏认为"住居"是乡土建筑中最有意义和最普遍的类型，清楚地显示了形式和生活形态之间的关联。[③]

到了20世纪90年代，保罗·奥立佛（Paul Oliver）编写了《世界乡土建筑百科全书》（Encyclopedia of Vernacular Architecture of the World）一书。《百科全书》共分为三卷，第一卷为基本论述部分，第二、三卷为对世界各地区的

① 吴良镛. 广义建筑学
[M]. 北京: 清华大学出
版社, 1989.
② 梁雪. 对乡土建筑的
重新认识与评价——解
读《没有建筑师的建
筑》[J]. 建筑师, 2005
(8).
③ 拉普普特. 住屋形式
与文化[M]. 台中: 镜与
象出版社, 1980.

乡土建筑进行详尽介绍和分析的部分。其中第一卷提及了从多视角、多领域来研究乡土建筑并对乡土建筑的概念进行了界定，如将乡土建筑归纳为"本土建筑""匿名建筑""自发性建筑""民间建筑""农民的或乡村的建筑""传统建筑"等。[①]因此，不少学者认为，奥氏的研究及著作为后来的乡土建筑研究奠定了理论基础。

随着时代的发展，乡土建筑的内涵也在不断地深化。美国学者维基·理查森（Vicky Richardson）在《新乡土建筑》一书中对近十年来在全球范围内完成的37例各类建筑项目进行了较为系统的分析论证，重新对新乡土建筑的内涵进行了审定，并指出："新乡土建筑作为现代性与传统性的统一体，更多的是对传统的形式、材料和建构技术做出了新的诠释，而不仅仅限于修正。"[②]这一论点一语道出了新乡土建筑与传统以及现代之间的关系。可以这样理解，新乡土建筑应该属于现代建筑的范畴。

对于乡土建筑，大家似乎更容易把它与发展中国家联系起来。的确，在第三世界国家里，很多建筑师赋予乡土建筑一种新的生命与内涵。斯里兰卡建筑师Geoffrey Bawa在一次展览中展示了本国的乡土建筑和传统的手工艺。当时一个西方评论家对他展览会的评价是"非常激动"。"其深远的意义在于从殖民地开始被贬低得退化形式上建立了官方的和本土的传统，并且创造了受到本民族认同的建筑语言。"[③]苏哈·奥兹坎（Suha Ozkan）对乡土建筑进行了分析和阐述，他认为可以将乡土建筑分为两类，即：保守的乡土主义和新乡土主义。埃及建筑师哈桑·法塞（Hassan Fathy）把拱顶和圆顶等新元素以一种随处可见的比例富于乡土建筑新的特质。印度建筑师查尔斯·柯里亚（Charles Correa）认为："界定范围的乡土社会必须建筑在其历史的根基上并保持它们的特征。"[④]并扎根于印度特定地理物质条件和文化风俗创作出许多新乡土建筑。

乡土建筑中的乡土二字，顾名思义是带有一种"乡间的气息"和一种"土文化"，归根结底，其核心就是离不开地区文化和地域环境两个主要因素。但文化环境是在不断地发展演变的，因此乡土建筑也不是一成不变的，不能拘泥于"老的乡土"，而是要不断地"出土"，发新枝。

6.1.2 乡土建筑在我国的发展

虽然乡土建筑的概念源自于西方，但是我国很早就有本土特色的乡土建筑尝试。对于地处西部的云南而言，早在20世纪80年代，就有石林宾馆新餐厅、西双版纳竹楼宾馆等一批有代表性的新乡土建筑的出现，它们在寻求地域环境的关系上做出了不懈的探索。1997年9月27日，由我国两院院士吴良镛教授和新加坡著名建筑师林少伟先生（William Lim）共同发起的"97'当代乡土建筑·现

① 袁牧. 国内当代乡土
与地区建筑理论研究
现状及评述[J]. 建筑师，
2005（6）.
② 吴晓. 再审新乡土建
筑——读维基·理查森
的《新乡土建筑》有感
[J]. 新建筑，2003（6）.
③（新加坡）林少伟.
黄海，译. 当代乡土：
多元化世界的一种建
筑选择[J]. 华中建筑，
1998（1）.
④（新加坡）林少伟.
黄海，译. 当代乡土：
多元化世界的一种建
筑选择[J]. 华中建筑，
1998（1）.

代化的传统'国际学术讨论会"在清华大学召开。同时，清华大学还举办主题为"当代乡土——召唤亚洲建筑的传统"的当代乡土建筑展览，并出版了同名著作。[①]这次盛会第一次把乡土建筑提高到理论的高度，第一次对我国的乡土建筑创作进行了大规模的搜集与整理，为今后的乡土建筑创作做了一个很好的范式。1998年，吴良镛先生提出了"乡土建筑现代化，现代建筑地区化"的著名论断，为乡土建筑和现代建筑创作指明了创作方向，进一步丰富了建筑创作的多样性。1999年，吴先生把他这一著名的论断载入了在第20届世界建筑师协会公布的《北京宪章》之中，为世界建筑师所共识。自此，我国的建筑师进入了新一轮的乡土建筑创作高潮，并诞生了一大批优秀的建筑作品。获得2012年普利兹克奖的我国建筑师王澍先生，在中国美术学院象山校区、宁波博物馆等建筑上大量地利用传统材料，赋予现代建筑一种新的生命力。随着乡土建筑研究的不断深入，近年来，云南也出现了诸如云南省民族博物馆等一批有代表的新乡土建筑。笔者在九乡风景区游客中心及旅游商品中心设计中也尝试了新乡土建筑的创作表达。

6.1.3 新乡土建筑的创作表达

项目位于云南九乡国家级风景名胜区的入口区，在《九乡风景名胜区总体规划》中，定性九乡国家级风景名胜区是以溶洞、峡谷、洞瀑共生交融的地貌奇观和历史遗迹、民族风情为风景特征；可开展风景游赏、科学探奇等文化活动；与石林国家级风景名胜区互为补充的综合性风景名胜区。如何体现九乡独特的地貌景观和民族特色，是建筑设计表现的关键。笔者试图从下面三个方面对建筑进行解读。

1. 对地区文化的解读

地区文化是乡土建筑创作的精髓，把握了文化就等于抓住了建筑的特征。但文化是非物质化，而建筑却是物质化的实体。因此，对地区文化的解读还得从能体现地区文化的各种形态元素例如传统建筑形态、宗教崇拜形态等方面入手。项目所在地九乡是彝族之乡。该地区的文化重点落脚在彝族的民族文化上。彝族历来都有宗教崇拜，具体表现在对牛、虎、火的崇拜，其居住建筑土掌房也是彝族传统建筑形态。这些都为我们的设计提供了思想的源泉。

入口区大门的设计从彝族崇拜的牛头及出土文物中出现的大量牛角形象进行提炼。并从对火的崇拜中抽象出火把的意向，树枝交叉的形式感与周围山林树干的景象相融合，并进一步提炼出彝族喜爱的菱形形状（图6-1）。

从九乡的彝"情"出发，建筑就应该表现出彝胞的特质。彝族质朴豪放、热情洒脱的个性特征应该赋予景区大门的彝乡建筑特质，于是将建筑形态定格在挺拔有力、简洁朴实的形态特征之中（图6-2）。

① 单军. 当代乡土建筑：走向辉煌——97 "当代乡土建筑·现代化的传统"国际化学术研讨会综述[J]. 华中建筑，1998（1）.

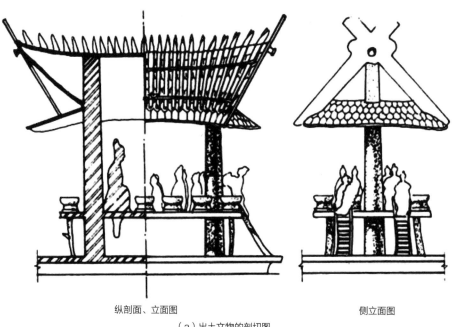

纵剖面、立面图　　　　　　　　　侧立面图

（a）出土文物的剖切图

（b）对火的崇拜

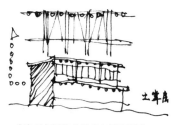

（c）彝族牛头的建筑

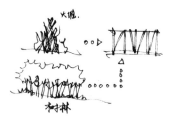

（d）从火把中提炼建筑形式

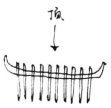

（e）提炼牛头的建筑形式

（f）从彝族的土掌房中提炼菱形

图6-1　入口区大门构思图
（图片来源：笔者改绘于网络图片）

图6-2 入口区大门设计方案
（图片来源：高进 绘）

对于游客中心而言，设计主要从彝族对虎的崇拜这一文化内涵入手。对虎纹进行抽象提炼，形成虚实对比、韵律动感的现代墙体肌理（图6-3）。另配有虎墙的具象浮雕形成整体立面特色。游客中心墙面表皮构图、肌理好似和着欢快大三弦节奏翩翩起舞的彝家少女，正在热烈欢迎远到而来的各方游客！在对虎皮、火焰等意象的基础上进行了深化设计，使大门与游客中心形成了粗犷质朴的整体形象而又不失现代大气的独特建筑气质，展示了九乡风景区全新的时代形象。

另外，游客中心体量造型源自一对相互交错的牛角意象，简洁而富有动感，高低错落形成对比。中间为入口大厅，玻璃体与两侧实体再次形成虚实对比，丰

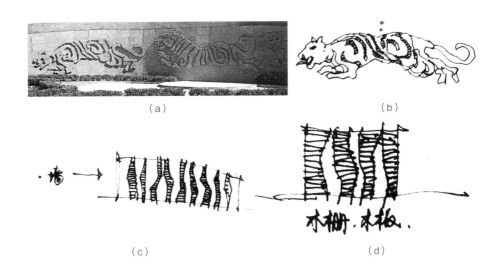

图6-3 游客中心建筑表皮的构思分析图
（图片来源：a笔者自摄；b、c、d高进 绘）

富了游客的视觉感受。这种建筑体量也是结合了彝族传统的土掌房退台的建筑形态这一建筑文化，力求突出彝族土掌房的一些典型特征——稳重、整体性，并对细节进行了充分表达（图6-4）。

2. 对自然环境的尊重

"'一切建筑都是地区的建筑'这句话准确地阐释了建筑与环境、空间、场所之间的从属关系，为区域性建筑的创作，提供了理论上的依据与基础，也是吴良镛先生'广义建筑学'中的核心组成部分。"[1]建筑是地区的产物，建筑对自然环境的尊重也是结合具体的场所来表现的。自然环境具体可分为大环境和小环境："大环境——建筑所置城市的性质、特征、山川、地形、气候等环境条件。小环境——建筑所置场地的左邻右舍建筑、交通、绿化等具体的环境界条件。"[2]这里的自然环境主要是指小环境。

新建的游客中心位于分景区入口的大山脚下，结合具体的地形，设计采用弧形的形态与自然山体等高线平行。以一种通透、轻盈、舒展的姿态与周围山体、树林相融合，成为一体，运用当地材料——木、毛石、卵石等，与周围环境形成同样的自然、清新、质朴、粗犷、大气的整体氛围，有利衬托了大门的气势。游客中心的完整弧形墙面将人流顺畅地引入景区前广场（图6-5）。

① 刘谞，杨钊. 变异的地域建筑[J]. 建筑学报，2004（1）.
② 周文华. 环境 个性特色——云南新建筑综评[J]. 云南建筑，1991（3-4）.

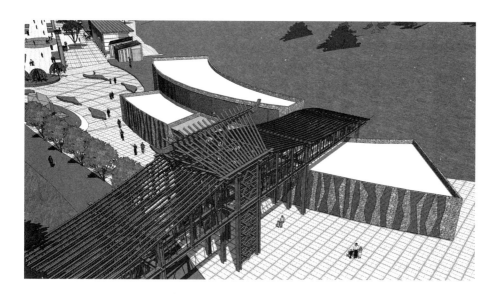

图6-4 游客中心鸟瞰图
（图片来源：高进 绘）

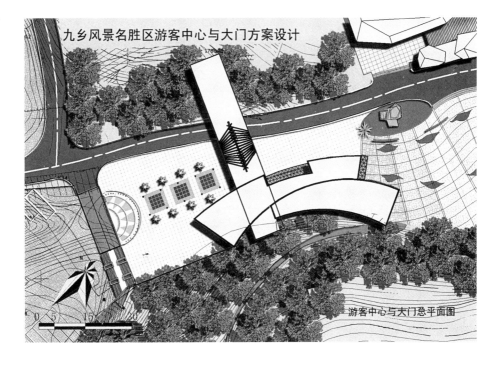

图6-5　游客中心与大门的总平面图
（图片来源：笔者自绘）

3. 对地方材料的使用

对地方材料的运用也是本设计的一大特色。九乡风景区内有着许多由于自然灾害而倒下的树木。设计针对这一不可多得的原材料，加工成不同的形态，大量地用于大门和游客中心建筑之中。除了木材之外，还采用当地石材页岩、卵石、毛石等突出建筑的粗犷性。加以轻钢、玻璃、不锈钢拉索等体现通透性、轻盈性的现代建筑特征。传统与现代在这里得到了很好的统一（图6-6）。

对地方材料的运用也是场所精神的再现，场所"不仅意味着抽象的地点，而且它是由具有材质、形状、质感和色彩的具体的事物组成的一个整体。这些事物的集合决定了'环境的特性'，而这正是场所的本质。总之，场所是具有特性和氛围的，因而场所是定性的、'整体'的现象。简约其中的任何一部分，都将改变它的具体本质。"①

6.1.4　小结

新乡土建筑归根结底是地域性建筑的表现特征。独特的地区文化和地域环境决定了建筑的地域属性，而新乡土建筑在全球化的趋势下丰富了建筑文化的多元性。正如两院院士吴良镛先生所说："随着全球各文化之间同质性的增加，发掘

① 诺伯尔·舒尔兹. 场所精神——迈向建筑现象学[M]. 施植明，译. 台北：田园城市文化事业有限公司，1995.

图6-6 建筑材料分析图
（图片来源：a高进 绘；b、c笔者自摄）

地域文化的精华也愈显迫切……'现代建筑地区化，乡土建筑现代化'，殊途同归，推动世界和地区的进步与丰富多彩。"①新乡土建筑的艺术创作与实施在云南建设成民族文化大省的发展过程中扮演着举足轻重的角色。云南九乡风景区大门及游客中心设计是笔者的一次尝试，有不足之处望业内人士指正。

（本节作为文章发表于《"为中国而设计"第五届全国环境艺术设计大展优秀论文集》，中国建筑工业出版社，2012.10）

6.2 地域建筑的现代创作
——大理学院古城校区3号综合实验楼设计回顾

通过对大理学院古城校区3号综合实验楼的设计分析，提出地域建筑创作离不开时代性，地域建筑的现代化表现实际上是一种结合具体环境的场所语言。

1999年在北京召开的第20届世界建筑师大会，颁布的《北京宪章》中就提到了地域建筑的现代化问题，并提出"现代建筑的地区化与地域建筑的现代化"②都是未来建筑的发展之路。华南理工大学的何镜堂院士创造性地提出"两观三性"的建筑理论体系，具有重要的理论学术价值和实践指导意义。"两观"——整体观、可持续发展观，"三性"——地域性、文化性、时代性③。对于地域建

①吴良镛.世纪之交展望建筑学的未来——国际建协第20届大会主旨报告[J].建筑学报，1999（8）.
②吴良镛.北京宪章[M].北京：清华大学出版社，2002.
③何镜堂.建筑创作与建筑师素养[J].建筑学报，2002（9）.

筑创作来说，现代性即时代性是建筑创作的重要方面。

大理学院古城校区是一个现代建筑与传统建筑并存的一个校区，如何把握新建的建筑就必须要从大理学院的校园文化精神及具体的地域环境着手考虑。

6.2.1 解读大理学院古城校区

1. 项目概况

大理学院坐落于国家级历史文化名城、优秀旅游城市、国家级重点风景名胜区、自然保护区和全国十佳魅力城市之一的云南省大理市。大理学院是经国家教育部批准，2001年10月由具有20多年办学历史的大理医学院、大理师范高等专科学校、云南广播电视大学大理分校及大理工业学校合并成立的一所融文、理、医、工、教育、管理、法学7个学科门类的省属综合性本科院校。

学院占地2500多亩，建筑面积近39万平方米，分为下关校区和古城校区。两个校区纵贯古城大理和现代化新城下关。新建成的主校区——古城校区背靠苍山、面向洱海，新颖独特、环境优美、自然和谐，为师生提供了良好的教学环境和人居环境，被地方政府授予"花园式学校"称号，也因其"大学中的山水，山水中的大学"的魅力，成为在苍洱风光中极具新意的人文景观。

大理是一方得风气之先的山水。"大理"的"大"可以理解为"大师之大、学问之大、胸怀之大"，"大理"的"理"可以理解为"科学的至理、人文的至理、做人的至理"。大理学院人常把苍山喻为真理之山，洱海喻为治学之海。"山高人为峰，水长人作源。"大理学院人的至高理想就是与名山同高，与圣水共鸣，培养造就出弘扬科学与人文"大理"的优秀人才。

2. 对大理学院校训的解读

大理学院校训是"博学达真，大德至理"。"博学达真"，就是"博于问学，明于睿思，笃于务实，志于成人"，涵盖了学习、思考、实践、做人四者关系。唯有四者相辅相成且持之以恒，方能形成良好的素质，成为有真才实学的人。"君子务本"，博学就是学人学者之本；"达真"就是要有真学问、真能力、求真务实，达到真境界；还要有不断探寻真知，追求真理的精神。

"大德至理"，大德即盛德。《易经》上说"天地之大德曰生"，又说"日新之谓盛德"，意为天地最大的德行是生成物，日日新，不断创新，才能生生不息。又可以引申为"德者，德也"。内得于己，外得于人。内得于己，就是说你自己要提高自身的科学文化素质、道德精神素质等，才能有最大的收获。外得于人，也就是说你只有惠泽别人，给予别人，别人才能给予你。"德育为先"，教化以维新。

"至理"，从字义上讲，可以理解为最正确的道理。"至"即达到极点，"至理"

还是最深刻，最高层次的哲理。"至理"可以引申为追求科学真理，"理"是科学之至理，人文之至理，做人之至理。

因此，"大德至理"体现了综合性大学人文与科学相融、道德信仰教育与科学创新交汇之内涵。

此外，"大德至理"四字中含有"大理"二字，也是大理学院所特有的。"大德"还是对德行高尚、修养深厚者的称谓。既含有大德之人聚集于"大理"之地，"集天下英才而乐育之"，更含有大理学院的博大胸襟与海纳百川之大气魄。

6.2.2 规划设计理念

1. 从大处着眼：高屋建瓴

大理学院古城校区背靠苍山，面向洱海，可谓"仁者乐山、智者乐水"。所谓"仁者乐山"是因为山的包容和博大；所谓"智者乐水"，是因为水的灵性与流转。因此，以山为靠，以水为灵，仁义慧贤皆具者也。故苍山不再为苍山，为"仁丘"；洱海不再为洱海，为"慧源"；再取"理"一词，谓之"理仁丘，慧理源"也。

2. 从小处着手：环境决定建筑

大理学院古城校区有山有水、环境优美、自然和谐，为师生提供了良好的教学环境和人居环境，被地方政府授予花园式学校称号，也因其"大学中的山水，山水中的大学"的魅力，成为在苍洱风光中极其具新意的人文景观。因此，绿韵成为了建筑的主题。所谓"绿"，是指环境的自然之美。所谓"韵"，是指与环境和谐统一（图6-7）。

图6-7 校园环境
分析
（图片来源：笔者
自绘）

6.2.3 设计策略

以"绿韵"为主题，突出"理"性。强调建筑与环境的对话，突出综合性大学严谨的治学之风和实验楼的"理性"，创造舒适宜人的学习和提供促进学术交流的环境，是设计校园建筑的首要任务；为校园营造开放、信息共融的交流氛围是我们追求的目标。在校园建筑设计中，我们遵从以下几点：（1）尊重自然地形地貌，设计结合自然，充分利用原有的地形，避免大的土石方填挖；（2）着眼从校园整体空间布局出发，尊重校园原有布局和文脉，提供一个与校园办公和教学功能相适应，与环境和谐统一的方案；（3）尽可能多地将绿化渗透到室内，庭院绿化、墙面绿化、屋顶绿化，形成多层次的绿化系统；（4）充分利用自然通风采光，尽最大可能为建筑争取良好的朝向，有效地利用现有的自然因素；（5）注重人车分流及车行循环系统；（6）注意节能，通过地区适宜技术节约建设及运行的能耗，如设置遮阳板、采用物理性能良好的材料等构造手段，达到节约建设成本、减少运行能耗的目的；（7）尽量减少不必要的硬质地面，尽可能采用植草砖、碎石路面等渗水性强的硬化措施，提高地面的蓄水性能。

6.2.4 总体布局

综合实验楼场地位于大理学院古城校区主教学楼西南方，北邻理工教学楼，与规划中的大型教学楼东南相对。场地基本平整，呈方形布局。场地东、南、西三边紧邻校园主干道，道路西高东低。

根据具体的场所环境，实验楼总体布局上采用两个三角形对场地进行分割，最后形成三角形的院落与五边形的形态组合。北面用连廊与西边高出的校园道路相连。并与北边建好的教学楼和西北向规划中的教学楼形成一种对话。三角形的建筑形态既打破了规矩的方寸之地的布局，又与整个场地相吻合。使之看似方形，又不是方形。学生活动中心与学生餐厅受场地的制约，与整个场地的形态相呼应。建筑与校园建筑总体色彩、建筑形态相互呼应，空间完整统一（图6-8、图6-9）。

方案着眼于从校园整体空间布局出发，在延续原有校园山水环境的前提下，优化原有空间布局，为大理学院古城校区提供一个开放交流、学习共融的平台，营造出高效、透明、干练校园办公环境和轻松宜人、生气勃勃的学习环境。

6.2.5 建筑单体设计

综合实验楼紧邻大理学院的主教学楼，是大理学院新建的现代主义建筑，其体量、形态及其所处的位置都决定了这一片区域现代主义风格。作为它的邻居，与它的从属关系以及建筑的表现形式将是设计的重点（图6-7）。

如何体现建筑的现代性呢？这就要从建筑的使用功能入手，突出综合院校的

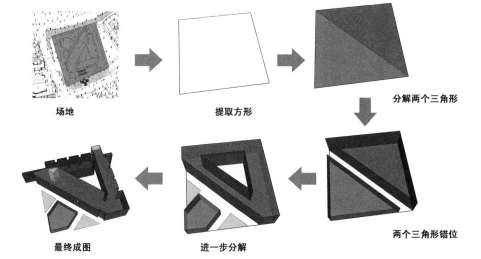

场地　　　　　　提取方形　　　　　　分解两个三角形

两个三角形错位

进一步分解

最终成图

图6-8　场地建筑形
态分析1
（图片来源：笔者
自绘）

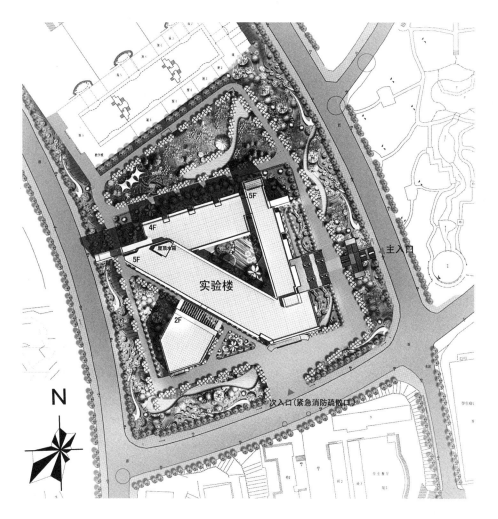

图6-9　场地建筑形
态分析2
（图片来源：笔者
自绘）

"理"性。根据实验的功能需求，把实验楼呈单元式布局（图6-10）。这种布局方式很好地解决了老师教与学生学之间互动的教学过程。每两个单元之间穿插一个绿化平台，这个平台解决了阶梯教室起坡的功能需要，同时也是交流休憩空间。而休息平台又成为建筑与环境间横向过渡。从而在立面上也形成了一种韵律感，使建筑更有现代气息（图6-11）。

建筑是地区的产物，建筑的现代性也是结合具体的场所来表现的。建筑的地域性其实是建筑的一种场所语言。在综合实验楼的设计中，建筑形体保持严整而又富于变化的三角形态，与整个基地相呼应。屋顶形成高低错落关系，丰富了建

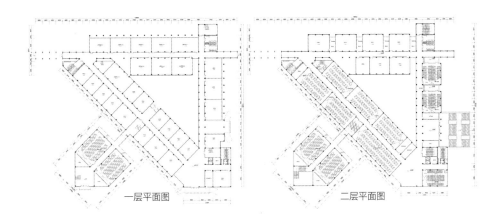

一层平面图　　　　　　　　二层平面图

图6-10　综合实验楼主要平面图
（图片来源：笔者自绘）

图6-11　实验楼透视图
（图片来源：笔者自绘）

图6-12　实验楼鸟瞰图
（图片来源：笔者自绘）

筑的第五立面。富于变化的三角形打造出有节奏感的旋律，犹如形成校园中"跳跃的音符"，给综合性院校注入清新的活力（图6-12）。

大理学院是一所山水园林式大学，自然环境十分优美。作为校园里的建筑，必定要与校园环境相吻合，这也是地域性建筑所要求的。如何做到建筑与环境的融合，我们通过"绿韵"来点题。首先在建筑内引入了三角形内院，把绿色引入到院内，底层局部架空与室外的环境相联系，这是一次点题。建筑三角形相交之处营造了开放的绿色空间，使整个建筑形成了绿色的通廊，这是二次点题。呈单元式布置的建筑体与绿地彼此穿插，各单元之间的休息平台又成为建筑与环境间横向过渡，这是三次点题（图6-13）。

正如华南理工大学的何镜堂院士所说，建筑创作要体现"地域性、文化性和时代性"[①]。大理学院古城校区3号综合实验楼设计也正是从他的地域背景、校园文化以及通过具体的场所来表达它的时代特征。诚然，设计中仍然有许多不足，但笔者仍鼓足勇气把它呈现在大家面前，希望共勉。

（本节作为文章发表于《云南建筑》，2012.10）

6.3　对云南大理农校建筑艺术创作的思考

　　建筑艺术作为文化的物质体现在云南"两强一堡"的建设中且发挥着日益重
要的作用。如何创作云南现代的建筑艺术，笔者从云南大理农校建筑艺术创作的
实践中，从文化的解读、地域环境的考虑、场所精神三个方面对云南本土的现代
建筑创作进行了思考。

　　云南在"两强一堡"的建设中更需要有本土特色的现代建筑艺术来体现。现
代建筑艺术创作离不开地域传统建筑文化。再而研究传统的建筑文化则离不开从
地方的文化和社会两方面入手。建筑文化研究的切入点更多的是关注传统的聚落
形式与民居形态等建筑要素，但要深入地了解建筑文化还应更多的关注当地的社
会结构，关注民居可贵的因时、因地、因物质条件的创作价值，这更能阐释建筑
文化的历史形成和地域传统建筑要素的内涵。

从云南本土建筑艺术出发，笔者在云南大理农校建筑设计中尝试了一种现代本土建筑的表达。大理农校全名大理农林职业技术学院，位于大理市大理镇大理古城西郊苍山东坡，大理省级旅游度假区内，东接大理古城，西靠苍山。新建的建筑有学生食堂、动物科技实训场、实训楼与教学楼、办公楼、教职工周转房和综合馆均位于大理农校内。在这次建筑实践中，笔者试图从以下几方面进行建筑艺术的表达。

6.3.1 现代与传统，文化的解读

吴良镛先生在《北京宪章》中提出"现代建筑地区化，乡土建筑现代化"。[①]一语道破了现代与传统的关系，现代建筑要考虑地区因素与传统文化，但不能拘泥于传统，建筑的物质文化、精神文化与艺术文化要符合现代人的要求。"物质文化方面的属性——具有提供人们享用的空间环境，同时也具有为实现这一目的而必须提供的经济技术手段；精神文化方面的属性——在空间环境创造中所渗透的来自哲学、伦理、宗教等方面的生活理想，以及来自民族意识、民俗风情等方面的审美心态等；艺术文化方面的属性——在综合考虑上述基层与深层结构文化因素的同时，努力贯彻于艺术审美方面的意念及其拓展开的表现内容。"[②]作为建筑文化三方面本质属性，表现出了建筑的时代气息、艺术气氛和文化气质的建筑外显表情特征。

白墙、青砖、灰瓦、图案，构成大理独具地域特色的白族建筑。大理白族居民，较早地吸收了中原汉文化。建筑作为文化的载体，也经历了这一"汉化"过程，产生了以"礼制"为中心的合院式布局，形成了"三坊一照壁""四合五天井"的建筑形态。我们在建筑设计中巧妙利用这一传统，同时进行了创新（图6-14）。综合馆的平面形态来源于大理白族的"三坊一照壁"的合院式民居，中间的通高的观众厅犹如三坊一照壁的内院一样，四周由观众席及其他功能用房包

① 吴良镛. 北京宪章
[M]. 北京: 清华大学出
版社, 2002: 238.
② 布正伟. 建筑的内涵
与外显——自在生成
的文化论纲（缩写稿）
[J]. 建筑学报, 1996
（3）: 28.

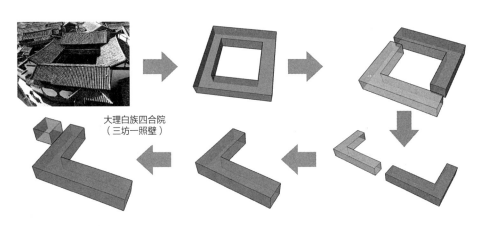

大理白族四合院
（三坊一照壁）

图6-14 建筑形态
分析图
（图片来源：笔者
自绘）

围，这样的布局同时满足大型文艺活动与体育活动的这一要求（图6-15）。其他的建筑从实际的功能出发，打破了合院式布局的形态关系，形成了L形的布局形态。建筑外观仍然用白墙、青砖来诠释大理白族建筑的特色，同时减少了大屋顶的运用和繁琐的装饰，来凸显建筑的现代性和时代性。

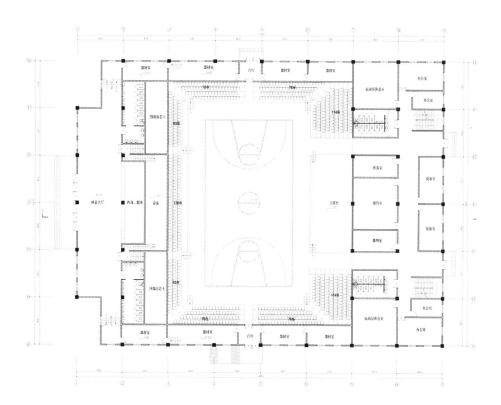

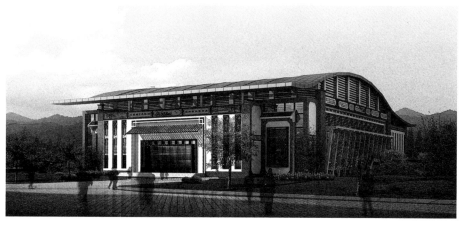

图6-15 综合馆设计方案
（图片来源：笔者自绘）

6.3.2　分散与集中，地域环境的考虑

建筑艺术的表达离不开特定的地域环境。地域环境既包括自然环境，又涵盖人文社会环境。但就建筑创作而言，具体可分为大环境和小环境："大环境——建筑所置城市的性质、特征、山川、地形、气候等环境条件。小环境——建筑所置场地的左邻右舍建筑、交通、绿化等具体的环境界条件。"[①]

校园规划用地呈现梯形，东西向纵向深达713.5米，地势西高东低，南高北低，地块东西纵向坡比为5.8%，最大高差36米。校园东眺洱海，西靠苍山，形成了一条东西走向的主轴线。原有的建筑和新建建筑都围绕着这条轴线展开。因地形和功能的要求，建筑分散布置。在总体布局上（图6-16），校园划分为四块主要的功能区：第一为教学区，位于该地块的核心位置，占地较大，为更好地解决校园的横向和纵向进深，使校园规划更有层次，特将主入口设在城市主干道上。教学区层层展开，气势宏大；第二为学生生活区，学生宿舍的布置较为灵活，大多数宿舍到教学区的步行距离都比较均匀，提高效率；第三为学生文体活动区，利用原东北部分用地，避开主要建筑，作为室外的运动场地；第四为景观带，尊重原地貌，改造了原有的沟箐和水渠，加以疏导和美化，建成新的自然风光水景景观，既减少了建设的投资，又保护了原有的生态环境。这样功能分区较为合理，分散的建筑尺度与地形及周边环境相融合。

① 周文华. 环境 个性
特色——云南新建筑综
评[J]. 云南建筑，1991
（3-4）：19.

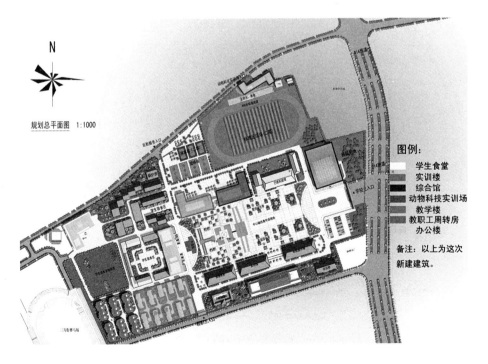

图6-16　整体布局
（图片来源：笔者
自绘）

图6-17　实训楼与教学楼设计方案
（图片来源：笔者自绘）

　　实训楼与教学楼则相对集中布置（图6-17）。它们位于校园中轴线北侧，处于校园的中心位置。其平面是由两个L形组成，在两个L形场地内部形成良好的景观。整个场地西高东低高差较大。与整个基地相呼应，建筑随地势布置。这种集中式布置更多地保留了自然的地貌，同时为活动广场留出了空间，真正做到设计结合自然。

　　这种"大分散，小集中"的布局很好地呼应了校园整体的地域环境特征。

6.3.3　和谐与统一，场所精神的再现

　　和谐就是与环境共融、与校园共生，一个体现校园和谐的建筑。统一就是追求整体性，传统与现代的合二为一。这也是场所精神的再现，场所"不仅意味着抽象的地点，而且它是由具有材质、形状、质感和色彩的具体的事物组成的一个整体。这些事物的集合决定了'环境的特性'，而这正是场所的本质。总之，场所是具有特性和氛围的，因而场所是定性的、'整体'的现象。简约其中的任何一部分，都将改变它的具体本质。"①

　　由于受到传统空间的局限，以往的学院模式与环境或其他活动并不能发生直接的联系，较为封闭。为了改变这种状况，我们在新的校园建筑环境中增加一种"课余空间"，它与"课堂空间"相对应，在这样的空间里，可以相互交流、与校园环境对话，与周围的自然环境共生共融。大理农林职业技术学院新建的建筑是具有"农林职业与技术"时代精神的现代的地区建筑，而其内在却是一个体现中国哲学思想传统和气质神韵的建筑。它是一个能体现人与人、人与自然、大理农林职业技术学院的过去、现在和未来皆能和谐共存的一个整体的地区性建筑。这就是大理农林职业技术学院校园建筑的场所精神（图6-18、图6-19）。

① 诺伯尔·舒尔茨. 场所精神——迈向建筑现象学[M]. 施植明，译. 台北：田园城市文化事业有限公司，1995：22.

图6-18 动物科技
实训场设计方案
（图片来源：笔者
自绘）

图6-19 学生食堂
设计方案
（图片来源：笔者
自绘）

6.3.4　小结

　　现代的本土建筑艺术创作，归根结底是地域建筑文化的表现特征。独特的地域自然环境和社会环境决定了建筑的地域属性，而地域性建筑在全球化的趋势下丰富了建筑文化的多元性。正如两院院士吴良镛先生所说："随着全球各文化之间同质性的增加，发掘地域文化的精华也愈显迫切……'现代建筑地区化，乡土建筑现代化'，殊途同归，推动世界和地区的进步与丰富多彩。"[①]云南要建成民族文化强省，更离不开云南本土现代建筑艺术的创作。其内涵体现为对云南文化根的尊重、对云南文化魂的坚守和创新、对外来文化的包容和吸收。大理农校的建筑设计是诸多投标单位中中标方案，也是笔者的一次尝试。只要扎根于云南这片土地，云南本土建筑艺术的创作将会更加繁荣。

　　（本节作为文章发表于《云南艺术学院学报》（全国中文核心学术期刊），2012（6））

① 吴良镛.世纪之交展
望建筑学的未来——
国际建协第20届大会
主旨报告[J].建筑学报，
1999（8）：9.

6.4 从场地开始
——以大理学院古城校区4号综合实验楼建筑设计为例

场地是建筑设计的重要因素。以大理学院古城校区4号综合实验楼建筑设计为例，从场地出发进行构思分析，从地景的认同、文化的传承与更新、空间的创造与使用三个层面表达了场所精神的内涵。

建筑离不开场地，场地是建筑的一种物理属性。一个好的建筑要满足场地内的自然环境和人工环境。自然环境主要包括地形、气候等自然条件。而人工环境更强调文化等因素。纵观现代建筑的发展，从国际化的现代建筑到后现代建筑再到今天的地域建筑，都是建立在各自的场地之上。因此，场地对于建筑而言，是非常重要的。

6.4.1 场地的概念

维基百科谈到场地是：一个事件、构筑物、对象和其他事物发生的地点，不管是事实上、虚拟的、废弃的、现存的或是规划之中。[1]而在建筑设计中，场地指的是建筑物前的空地。从狭义上讲，场地是指"建筑物之外的广场、停车场、室外活动场、室外展览场、室外绿地等内容。"[2]此时的场地是相对于建筑物而存在的，因此也被称之为"室外场地"，来表示建筑物之外的部分。从广义上讲，"场地指基地中包含的全部内容所组成的整体"。[3]尽管，场地是建筑比较实在的物理性的概念，从广义的角度讲，它是包含了人文、自然、空间、技术等诸多方面的综合体。从这个层面讲，场地也就成了场所。

6.4.2 从场地到场所

场地由于有了人的活动，并产生了一定的认同感，就形成了场所。挪威著名的建筑理论家诺伯尔·舒尔兹在《场所精神——迈向建筑现象学》谈到：场所"不仅意味着抽象的地点，而且它是由具有材质、形状、质感和色彩的具体的事物组成的一个整体。这些事物的集合决定了'环境的特性'，而这正是场所的本质。总之，场所是具有特性和氛围的，因而场所是定性的、'整体'的现象。简约其中的任何一部分，都将改变它的具体本质。"建筑与场地的关系在于，建筑能否使之依附的场地变成有意义的场所，形成一种场所精神。场所精神主要表现为在场地活动中的人是否能找到归属感，这也是伟大的哲学家海德格尔所提倡的"诗意的栖居地"。

我国幅员辽阔，各地的自然条件和文化形态各具特色。这正是建筑师对场地设计的灵感源泉。要创造有意义的场所，就是在提炼这个场地的场所精神。下面，以大理学院古城校区4号综合实验楼建筑设计为例，分析如何把握建筑的场地关系。

① 原文为：A site is the location of an event, structure, object, or other thing, whether actual, virtual, abandoned (eg. an archacological site), extant, or planned. http://cn. wikipcdia. org/wiki/Site 2008-4-25.
② 赵晓光. 民用建筑场地设计[M]. 北京：中国建筑工业出版社，2003：1.
③ 赵晓光. 民用建筑场地设计[M]. 北京：中国建筑工业出版社，2003：1.

6.4.3 案例分析

项目位于大理学院古城校区一块不规则的场地之上。场地与四周都有高差，周边的环境比较复杂。从场地出发，是本案的一大特色。

1. 从场地出发

建设用地位于大理学院古城校区西北角核心地块，其用地形状大致呈一西窄东宽的长梯形，用地面积约4400平方米。用地西北方向为校内田径运动场。西部隔校园道路与艺术楼遥相对望。用地南向多为阶梯广场与种植花坛等校内公共开敞绿地。其东南朝向校内集中停车空地。场地东向隔路布置有阶梯分布的小型运动区。整体环境视野空旷，景观条件良好（图6-20）。

整个建设基地因为处于苍山山麓，故而呈现西高东低，三台分布的基本格局。艺术楼一侧校园道路与场地间高差约成5.8米高台，场地与风雨操场上校园路面形成9.3米的绿化与挡墙过渡区。而在北面与校园运动场之间存有1.5米的自然高差（图6-21）。

2. 场地的构思与分析

本规划设计在充分挖掘用地条件中隐含信息的基础上形成了自身的鲜明特征。在布局上突破了传统对于狭长梯形地段常用一字形或工字形的惯用方法，转而采用对场地进行对角线分割来加强本设计的独创性。这种斜向划分的确立首先

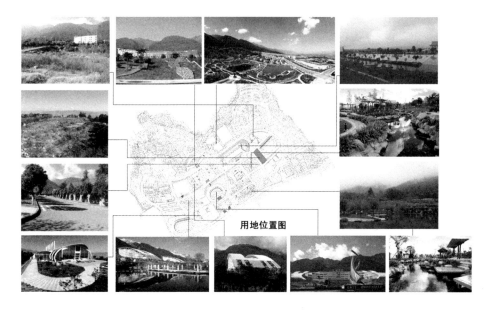

用地位置图

图6-20 校园场地环境分析图
（图片来源：笔者自绘）

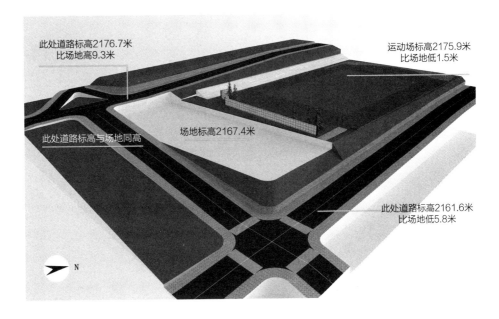

图6-21 场地地形分析图
（图片来源：云南艺术学院设计学院在地建筑工作室提供）

突出了对于场地分析的原创感，强化了原本分处场地两段不同部分之间的联系，此外还有助于增加建筑排布时的有效长度，有利满足了建筑平面排布过程中对于整体性的要求。同时这种斜向划分的排布处理还可以将场地划分为大小两个相对独立的部分，这也有助于今后设计中对于不同使用部分进行既分割又联系的灵活处理。而两者之间形成的那条隐形轴线的存在也更加有利于进一步强化出建筑对当地地景元素的运用（图6-22）。

3. 场地精神的提炼

（1）地景的认同

在大理，苍山和洱海是重要的地景元素。处在这里的建筑大多采用背山面海的布局形态。如何把苍山洱海的地景元素引入到场地之内、建筑之中，是方案思考的重点。由于场地的短边面向洱海，因此在狭长梯形建设场地内取其对角线，形成设计中所特有的斜向洱海苍山的轴线关系，把面向洱海苍山的景观视廊引入到场地内，并以此形成具有当地认同感的地景的形象特征（图6-23）。

（2）文化的传承与更新

"三坊一照壁""四合五天井"、白墙灰瓦是大理白族民居文化的体现。如何在设计中既能传承这种文化，又有所创新，是设计思考的重点。

在建筑平面具体处理中，本设计通过研究吸收苍洱之畔白族民居中传统的院

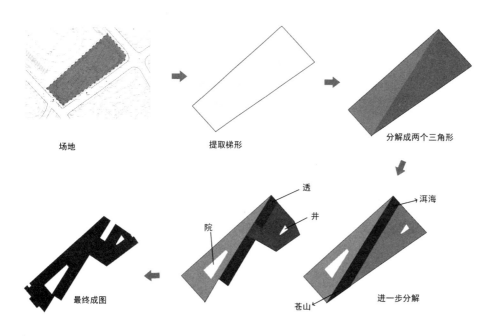

图6-22 场地构思分析图
（图片来源：云南艺术学院设计学院在地建筑工作室提供）

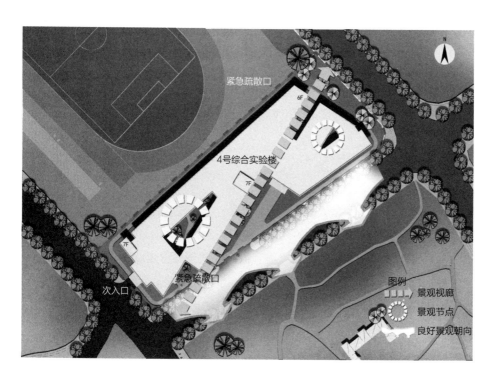

图6-23 场地景观分析图
（图片来源：云南艺术学院设计学院在地建筑工作室提供）

落空间意象，有意将传统的内走道单一布局进行改造与创新。设计中采用将回廊走道围绕在大小分布于建筑内部的中庭或天井来加以布置，一方面能有效降低不利干扰，另一方面也创造出一种舒适宜人的教学实验楼内部空间效果（图6-24）。

实验楼置身于苍洱之间的古城之畔，传统民居向自然致敬所采用素雅的配色既是一种习惯更是一种智慧。加之学院目前既已建成的建筑与环境也多采用清新淡雅的处理手法，因此在本设计中，建筑主体配色主要考虑采用大面积浅色系加局部重色处理的效果也是一种合乎逻辑，亲近自然的选择（图6-25）。

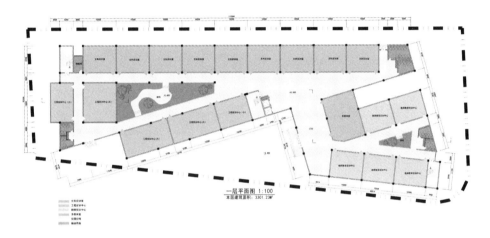

图6-24 平面布局图
（图片来源：云南艺术学院设计学院在地建筑工作室提供）

图6-25 效果图
（图片来源：云南艺术学院设计学院在地建筑工作室提供）

此外，实验室立面设计突出体现的是大理学院所追求的无上至理，因此在立面设计中潜藏其间的逻辑和秩序成为整个建筑的基本性格与样貌特征。建筑立面上由柱网对应生成的基本格构成了控制性的存在。而建筑空间形体关系也是其平面布局的真实逻辑体现，这在很大程度上也反映出该建筑求真求理的精神内涵。这与紧邻其畔的艺术楼之间天然形成了一曲一直的对话关系，而这种曲直并置的形象存在也有力丰富了该地块的空间艺术效果。

与此同时，实验楼设计本身也注重采用大实大虚的处理手法，教学空间与辅助空间所不同的需求塑造出虚实相生的基本立面效果，在局部又配合穿插交错的空廊扶手，这使得建筑立面呈现出丰富多变的艺术效果。此外，在立面处理中，根据使用需求还加设了局部外挑的竖向遮阳板以及百叶窗，这在一定程度上也进一步活跃丰富了建筑的外立面效果（图6-26）。

（3）空间的创造与使用

① "一轴两块，模块布局"

方案在充分利用上述斜向轴线划分的大格局之下，结合学院所提出的要求，对功能布局的逻辑分布关系进行了认真地梳理与总结。并按照其具体相关设计要求进行了高效而合理的设计安排。

在对各种实训中心的布局安排中，本设计尽量将相同或相似的使用空间加以就近或对位布置处理，使其能够成为设计中不同的模块组成单元。而在差异较大的不同模块单元的布置中，在尽可能的范围内力求将其进行适当的分隔与隔离，争取将其中不利的相互干扰尽量减小。在具体处理中，通过有意将传统的内走道围绕大小分布于建筑内部的中庭或天井来加以布置，一方面能有效降低不利干扰，另一方面也创造出一种舒适宜人的教学楼内部空间效果。

② "合理疏散，立体架构"

在平面流线组织方面，设计按照的相关原则在不同方向上分别设置有与之匹配的主次入口。在南侧临街方向设置有进入建筑的主要入口（室外场地标高

图6-26 东南立面图
（图片来源：云南艺术学院设计学院在地建筑工作室提供）

2167.4米），而在西侧方向的建筑三层一侧设有另一主要入口，在其余方向则根据需要分别设有一定数量的次要入口，由此来架构符合安全疏散相关设计规范的全方位立体交通联系体系（图6-27）。

③"内外协同，精心处理"

同时在建筑内部交通核心体以及卫生间、服务间等的布局上，本设计一方面严格按照相关规范要求进行布局设置，另一方面也充分考虑到相关内容既要方便使用避免干扰，又要能够有效成为立面形象或者空间效果的积极组成部分，因此对其位置与形态都进行了妥善的处理。

此外设计还在平面布局中充分考虑到对于诸如会议室以及多媒体教室等空间加以综合利用，将其布置于建筑体两部分的交接部位，以方便师生日常高效共享性的使用安排。而在诸如办公空间的布局中除了按照设计要求进行分类同层布置之外，还特别考虑到其相应的朝向与景观要求，使其最大限度地提升使用品质。

④突出功能至上的原则

从整体功能布局上讲，主要分为三个部分：实验室部分、多媒体教学部分和行政办公部分。在整个功能布局上行政办公部分位于顶层，处于安静的区域，既实行动静分区又与其他区域联系方便。东南朝向面向校园良好的环境和洱海方向，具有良好的景观效果。

同时充分利用建设场地的独有特征将建筑平面布局进行最优化的布局处理，使得绝大多数的使用房间能够争取获得最佳的采光通风条件与景观视觉效果。同

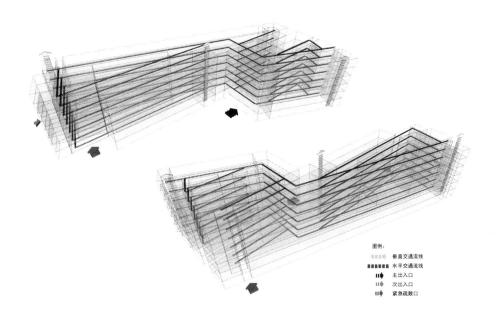

图6-27 内部空间
结构分析图
（图片来源：云南艺
术学院设计学院在
地建筑工作室提供）

图例：
垂直交通流线
水平交通流线
主出入口
次出入口
紧急疏散口

时对于建筑细部处理，通过结合遮阳板及百叶窗等构件的设计处理，在形成优美建筑外部形象的同时，也进一步提升了室内环境的使用品质。

在建筑布局处理中有意设置的一系列连廊、敞厅、露台、外加屋顶平台，使得在实验楼中能为师生课间交流与互动提供因时因地的场所与空间。同时这些遍布于建筑之中的交流空间也可以进一步通过对其进行各种绿化处理而共同构建出完整成套的空间立体生态绿化格局体系。

6.4.4 小结

该方案在相对狭长而局促的建设基地之上，凭借对山地建筑与周边道路环境间复杂关系的妥善处理，从场地出发形成4号综合实验楼中丰富多彩的内外空间功能流线格局。充分利用现有建设条件中不同标高处的落差，在建筑外部不同方向上设置高低错落的入口，并结合建筑内部出现的大小不同的内院天井，一方面有效形成了山地建筑处理中的特殊美感，另一方面也将传统白族民居中的院落空间进行了富于时代感的借鉴与创新。诚如吴良镛先生曾指出的那样，"建筑的创作可以通过对多种地域因素的深入发掘，形成创作构思，加强艺术的表现力"[①]，或许这也正是本次设计创作的灵魂与价值所在。

（本节作为文章发表于《昆明冶金高等专科学校学报》（RCCSE中国核心学术期刊），2015（2））

6.5 遇见翁丁——从翁丁村的寨门设计谈起

翁丁作为当代中国边地仅存保有着诸多原始部落特征的鲜活样本，其无论是具体的物理空间还是心理体验都在极大程度上反映出对佤族文化的活态化展现。本节从对老寨入口寨门的更新设计入手，将建筑与环境、建筑与材料以及环境与材料三者的关系进行了解读与阐释。

在云南这片神奇的热土上孕育了如同鲜花般的26个少数民族，其中佤山沧源翁丁村这个被称为"中国最后一个原始部落"则是众多民族之花中最为娇艳的一朵。2016年12月，为了亲身感受体验当代翁丁村如洗尽铅华般的原始容貌，更为了推进"创意沧源"毕业设计的开展，我们带着学生来到千里之外的沧源，深入到翁丁村进行田野调查。

6.5.1 初见翁丁

翁丁——当地佤语意为"与水连接的地方"，同时也是一个"云雾缭绕之地"[②]。一座座鸡笼罩式干栏式茅草建筑，一缕缕炊烟伴随着云雾缭绕，一声声鸡鸣犬吠，时而从传统的手工作坊传来的"吱吱"声响，把翁丁村装点得像一座

① 吴良镛. 广义建筑学 [M]. 北京：清华大学出版社，2011，4:216.
② 印象翁丁——中国最原始的部落. 中国国家地理. http://www.dili360.com/article/p54865570e081b13.htm

世外桃源。从寨门到寨心再到牛头桩，从佤王府到木鼓房再到水磨房，都呈现出佤族原始村寨的特点，是一部活生生的佤族文化史。翁丁作为当地佤山传统原始风貌保留较为完整的典型聚落，寨中鳞次栉比分布的茅草顶木屋形成了人们对整个村寨最为强烈的意象特征。同时作为首批入选云南省第一批非物质文化遗产保护名录的传统村寨，翁丁村中至今仍然留有鲜活生动的原生态佤族生活场景。这里的一砖一瓦、一草一木向世人展现她悠久的历史、淳朴的佤族文化以及优美的自然生态环境（图6-28）。

6.5.2　寨门印象

佤族有句俗话"无门不成寨"。寨门既是物理空间的界限，也是心理空间的归属。翁丁村的寨门以茅草覆顶，以粗栗木为门柱，门柱上挂牛头作装饰，向外人展示图腾崇拜（图6-29）。寨门对整个寨子起守护作用。

初入寨门时，佤族同胞在寨门前列队欢迎，唱着祝酒歌，让客人尝一口佤族自酿的米酒，并在远方的客人的头上点一颗"黑痣"，寓意着吉祥。经过寨门进入寨中，就要遵守佤寨的一切礼俗。整个翁丁寨共有四道寨门，其中主寨门即为村落北门，日常使用中此门除了供村民进出通行之外，还兼具迎接美好的事物的作用，寨里过节就往北门迎神纳福。所以北门比其他三道寨门要高，约3米高。寨中的扫寨活动以及送葬等必须经过西门。另外东门和南门方便村民出入而建，显得比较低矮。

图6-28　翁丁寨
（图片来源：笔者自摄）

图6-29 翁丁寨主寨门
（图片来源：云南艺术学院设计学院在地建筑工作室提供）

翁丁村的主寨门以其质朴的形象，展示着翁丁村悠久的历史，诉说着佤族同胞的热情与淳朴。如果重新设计主寨门，应该以怎样的面貌来展现新时代背景下的翁丁村的原始特色呢？这值得我们深思。

6.5.3 寨门的设计与思考

1. 对建筑文化的解读

艾默森·拉普普特在《住屋形式与文化》中认为一个地区的建筑是对当地生活的最为本真的反映。在佤族的传统民居中的"干栏"式住房作为某种远古时代先民巢居方式的遗存，见证反映了佤族相关生活方式的演进轨迹。而这种反映则可以成为今后我们开展设计创作的素材与源泉（图6-30、图6-31）。

基于干栏式这一特征，在寨门的设计中，我们延续了"干栏"这一的特征。从实际的功能出发，寨门入口处设计一观景平台，其底层架空，方便游客出入寨门；二层为观景平台，可以让游客在此驻足欣赏翁丁寨的美景。佤族民居另一特征屋脊两头有牛角形的搏风板，当地人称之为牛角叉。佤族干栏式建筑屋

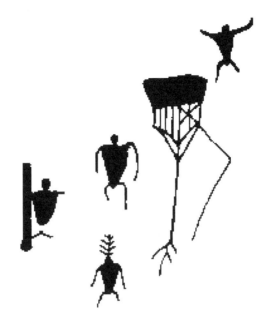

图6-30 沧源岩画中的巢居
（图片来源：云南艺术学院设计学院在地建筑工作室提供）

图6-31 翁丁寨干栏式民居
（图片来源：云南艺术学院设计学院在地建筑工作室提供）

脊两端的牛角叉形的装饰源于佤族的镖牛习俗。佤族崇拜牛，把牺牲牛作为至高无上的礼仪。镖牛作为佤民生活习俗中的一项重要内容对其环境建造有着潜移默化的影响。以前，镖牛后把牛角桩立于住房周围，把牛角挂在房脊上，以后，建房时就用交叉形弯角木板替代牛角。[①]为体现佤族这一古老的文化，在寨门的入口处让坡屋顶的两侧斜坡相互交叉抽象成佤族民居屋脊的牛角叉图案。同时，底层的柱子摒弃了以往直立的形象，而采用了佤族崇拜的牛角这一弯曲的造型，类似树杈把寨门高高顶起，也是对沧源崖画佤民巢居传统的物化反映（图6-32）。

此外，半圆形屋顶，是佤族民居又一大特点，这种佤族民居独特"鸡罩笼"式的外观样貌，有学者认为则可能是对其远古时期存在过的穴居印象的追忆和再现。[②]鉴于这一特点，在寨门的大门入口处两侧设计了小的半圆形屋顶大门，来揭示佤族民居的这一特征。

2. 对自然环境的尊重

吴良镛先生在《广义建筑学》中认为：建筑是地区的产物，建筑对自然环境的尊重也是结合具体的场所来表现的。选址于山林之间的翁丁，在其入口处的村中小道处理中，在路旁设计出一个底层架空的观景平台。底层供游客行走，二层为游客提供一个观景休息平台。设计采用弧形的形态与弯曲的村中小道、山势地形相结合。同时通过对木、竹、茅草地方性材料加以综合运用，使其与周边环境融为一体，从而有助于衬托出大门的特质（图6-33）。

3. 对地方材料的运用

对地方材料的运用作为对场所精神的再现与反映，在寨门的设计中也有体现。其中寨门主要部分考虑采用当地盛产的栗木和龙竹，并在屋顶上覆盖原生态的茅草，而且采用当地斗榫式结构的建造技术。乡土材料的运用使新的寨门与古老的翁丁寨融为一体，适宜技术的运用见证了佤族民居的建造历程（图6-34）。

6.5.4　小结

翁丁寨以其原始的风貌和鲜活的佤族文化向世人诉说着她悠久的历史。在新时代的背景下，如何既保护翁丁寨的原始特色，又发展村寨的经济呢？笔者对翁丁寨新寨门的设计是一种新的尝试，试图找到适合翁丁村的保护与发展之路。

（本节作为文章发表于《第四届中建杯西部5+2环境艺术设计双年展学术研究成果》，中国建筑工业出版社，2019.10）

①赵志强，鲍志明. 中
国非物质文化遗产保护
名录·沧源卷[M]. 昆
明:云南民族出版社,
2014, 4: 197-202.
②孙彦亮. 佤山生产方
式与佤族民居建造[D].
昆明:昆明理工大学,
2008, 4: 31.

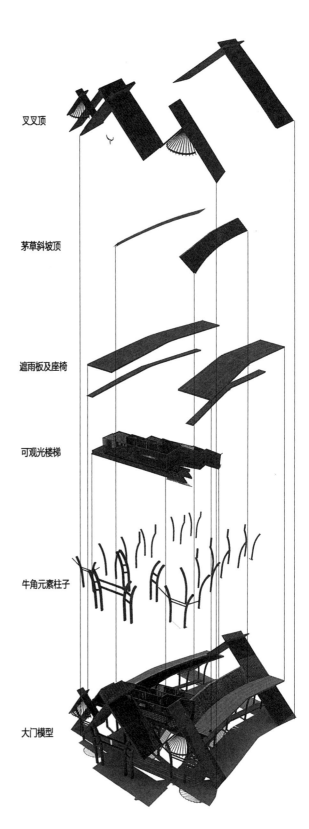

叉叉顶

茅草斜坡顶

遮雨板及座椅

可观光楼梯

牛角元素柱子

大门模型

图6-32 翁丁寨主寨门的设计构思
（图片来源：云南艺术学院设计学院
在地建筑工作室提供）

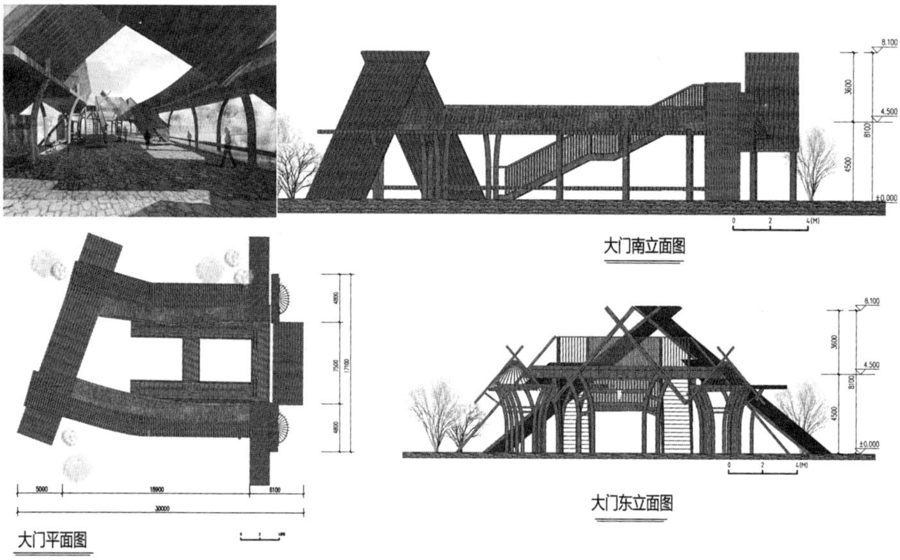

大门南立面图

大门平面图

大门东立面图

图6-33　翁丁寨主寨门设计
（图片来源：云南艺术学院设计学院在地建筑工作室提供）

图6-34　翁丁寨主寨门透视图
（图片来源：云南艺术学院设计学院在地建筑工作室提供）

6.6 再塑乡愁
——以云南佤族翁丁村保护发展研究为例

翁丁村是中国最后一个原始村落，有着独特的文化魅力。但在市场经济的冲击下，翁丁村空心化的现象比较严重，急需要保护并发展起来。笔者从传统村落保护与发展的研究现状出发，对翁丁佤族原始村落保护与发展进行了思考，最终提出传统村落的保护应该是"活的生态博物馆"式的再塑乡愁的动态过程。

云南佤族翁丁村被称为"中国最后一个原始部落"。2012年翁丁村荣获中国"十佳文化乡村"和"云南30佳最具魅力村寨"称号，并列入"中国传统村落名录"。所谓传统村落，"是指拥有物质形态和非物质形态文化遗产，具有较高的历史、文化、科学、艺术、社会、经济价值的村落。"[①]传统村落浓缩了中国传统文化的精华，承载了中华民族的历史记忆。为了保护我们的文化之根——传统村落，国家住建部从2012年开始将有重要保护价值的村落列入中国传统村落保护名单，前三批中国传统村落名录共计2555个。[②]本节研究的对象翁丁佤族原始村落是物质遗存和非物质遗存丰富，有条件申请中国历史文化名村的传统村落。因此，对佤族原始村落的研究有着十分重要的意义。同时，研究传统村落是历史文化遗产的重要组成部分，其理论研究对我国历史文化遗产保护具有重要意义。翁丁佤族村被称为"中国最后一个原始部落"，有着非常鲜明的特色，同时又是一个非常严重的空心村，因此如何在村落保护的同时，提高村民的生活水平，将村民融入村落保护事业之中，又具有十分重要的实践意义。

6.6.1 传统村落保护与发展的研究现状

1. 国外的研究现状

国外对传统村落建筑保护研究始于19世纪后期，主要有三大学派：其一是以著名法国建筑理论家维欧莱·勒·杜克（Viollet·Le·DuG，1814–1879）为代表，主张"修旧如旧"，认为建筑的修复是风格的修复，必须保持风格的原真性。他主要强调了修复古建筑的表现主义。其二，以英国人约翰·拉斯金（John Ruskin，1819–1900）和威廉·莫里斯（William Morris，1834–1896）为代表主张维持传统建筑原貌，并强调是对传统建筑的"保护"而不是"修复"，更不是"修缮"，并且强调在保护的措施上一定要有识别性，保护古建筑就是要保护它的历史痕迹，坚决反对使用任何现代技术去修复建筑使之恢复原貌，这一理念与法国人明显不同。其三，以意大利人乔万尼（G·Giovannoni，1873–1949）为代表，他在吸收了英国人和法国人观点的基础上，认为保护传统建筑的目的是保护建筑与环境之间的历史文脉，修复古建时须尊重历史建筑的真实性，强调可以使

① 中华人民共和国住房和城乡建设部，中华人民共和国文化部，中华人民共和国财政部. 关于加强传统村落保护发展工作的指导意见[EB/OL].（2017-01-04）[2012-12-12] http://www.mohurd.gov.cn/zcfg/jsbwj_0/jsbwjczghyjs/201212/t20121219_212337.html.
② 数据来源于中国传统村落网. http://ctv.wodtech.com

用现代技术和材料，但必须加以区别，不能以假乱真。这一观点至今仍被广泛的采用。[①]

2. 国内的研究现状

国内对传统村落建筑的研究开始于20世纪80年代。何红雨在《徽州民居形态发展研究》一文中对徽州民居形态做了细致深入的调查研究，并提出建筑师应与居民一起"参与设计"。殷永达在《徽州古宅室内更新与保护》一文侧重古建筑的利用与修缮，并认为徽州古民居应该适应现代化生活的需求。20世纪90年代初，陈志华教授在《请读乡土建筑这本书》中提出了村落建筑和乡土文化的重要性，并经过长期的乡土调查撰写了《楠溪江中游古村落》一书，是我国第一部研究古村落建筑的著作。朱亚光教授在关于《古老村落的保护与发展研究》中，初步探讨了古村落保护与发展的模式。此外，还有一大批学者都在致力于传统村落的保护研究，同济大学阮仪三教授努力促成平遥、周庄、丽江等众多古城古镇的保护。此外彭一刚（1992）分析自然、社会两大因素对传统村镇聚落的影响，并从美学的角度去看待聚落的形态的问题。吴良镛（1994）以北京菊儿胡同的改造为实例，诠释了有机更新的内容和意义。王澍对浙江民居的研究，提出了一种传统建筑现代化的改造手法。

3. 云南本土的研究现状

对于云南而言，早在20世纪30年代，刘敦桢、刘致平、梁思成等老一辈建筑学家就来到西南的云南，实地考察了昆明、丽江、南华等地的传统建筑与民居，并进行了相关研究，开创了云南少数民族聚落与建筑研究的先河。20世纪60年代，王翠兰、赵琴、陈谋德、饶维纯、顾奇伟、石孝测等建筑师在原云南省建筑工程厅的组织下，对云南少数民族建筑进行了较大规模的和艰苦的调查研究，相继出版了《云南民居》和《云南民居——续篇》两部专著。20世纪80年代以来，昆明理工大学的老一辈学者朱良文、蒋高辰及教师杨大禹为代表继续对云南传统建筑深入研究。在云南开创了对某一民族聚落与民居建筑进行较大规模和较为系统之研究的先河，但这些研究对滇缅边境佤族的原始村落研究较少。

6.6.2 对翁丁佤族原始村落保护与发展的思考

沧源是全国仅有的两个佤族自治县之一，是全国最大的佤族聚居县。佤族文化历史源远流长，内容丰富，形式多样，涵盖了生活的方方面面，是一笔不可多得的宝贵的人文财富。而翁丁村被誉为"中国最后一个原始部落"（图6-35），是佤族文化的活态博物馆，对其进行保护与开发的意义则更加重大与深远。

1. 保护与发展并重

佤文化作为旅游资源还未受到人们的足够重视，佤文化旅游资源的开发处于

① 赵勇. 中国历史文化
名镇名村保护理论与方
法[M]. 北京: 中国建筑
工业出版社, 2008.

图6-35 翁丁村原貌
（图片来源：笔者自摄）

起步阶段，具有较大的发展空间与研究价值。而翁丁佤族村作为云南旅游地之一
刚开始建设，村寨旅游业还处于起步阶段，未来的发展前景不可估量。据此，我
们将以沧源县翁丁村这一典型的传统佤族原始村落为对象，从文化生态旅游的角
度进行研究，探讨出一条既有利于佤文化有效保护与传承，又实现佤族文化与当
地的社会、经济和环境协调发展的新思路。文化传承和保护应作为翁丁村文化
旅游开发的核心，对翁丁村的再生设计应在"保护为主，改造为辅"的前提下
进行。

　　既然翁丁村是"中国最后一个原始部落"，我们就要保护"原始"这一特性。
然而随着旅游的发展，翁丁村原有的村舍已经不能承载由旅游带来的负荷。必须
开发一片新的区域解决适应旅游发展的功能问题。这样一来，既保护了翁丁村典
型的传统佤族原始村落文化，同时又通过旅游开发改善现有的空心村的局面，增
强村民对本村传统文化的自豪感，让更多的村民自觉地投入村落的建设之中，让
翁丁村在发展中不断复兴（如图6-36）。

　　2．重塑乡愁的保护策略

　　一种偶然，笔者从微信上读到一篇文章，题为"遇见王澍，从他的乡愁'全
世界'路过"，文章开头的一首诗深深地打动了我，"怀一地思念，寻一处乡音。

图6-36　规划总图
（图片来源：云南艺术学院设计学院在地工作室提供）

最是那蘸着每一滴江水，都能写出无数诗意的富春江。傍江古村，遇一场及时雨后，她以幸福的名义，写下树影婆娑，乡愁袅袅。"[1]她诠释了乡愁的一种境界，是一种人为情怀的一种舒畅。

（1）保护村落的生态大环境——宏观层面

"翁丁，'翁'为水，'丁'为接，意为连接之水；同时也有云雾缭绕之地的意思。"[1]翁丁对外人来讲是一座村落的名字，但对当地的佤族来说是一种记忆，更是一种乡愁。因此，在规划之初，我们把主题定为"释天性、享文化、归自然、养身心"。释天性：追寻佤族人民神秘动人的故事，在这个平静的村子里感受"神"的存在，体验佤族人民的民族信仰，挣脱俗世的羁绊，释放自己。享文化：在充满佤族人文情怀的古朴村寨中，体验古老悠久的佤族人民的灿烂而独特的民族文化，丰富自己的文化素养。归自然：结庐在人境，而无车马喧。在这里感受自然的纯净与祥和，宠辱偕忘，物我合一，脱离社会的樊笼，回归自然。养身心：良田阡陌纵横，群山郁郁葱葱，树木欣欣向荣，人民其乐融融，可谓人杰地灵，闲赋斯地，心里尘埃荡尽，身心俱静。具体在村落的规划层面上，提取翁丁村四大特色要素为："田""园""塬""林"。在探寻四者关系的基础上，本次方案总体规划理念为：阡陌纵横、田园共融、塬林相连（图6-37）。具体表现为：山野森林景观层，翁丁村四周被保存完好的原始森林围绕，巍峨的榕树、清净的竹林与村寨内零散的观赏性树木共同组成了翁丁山野森林景观；田园梯田

① 遇见王澍，从他的乡愁"全世界"路过。http://mp.weixin.qq.com/s?--biz=MzA3Nzk1OTc4Mw==&mid=2652898941&idx=1&sn=7f727b000fab18762f8766c664d85bc2&mpshare=1&scene=1&srcid=0928Uy86eDBT0VXRGJzZKzzD#rd

规划提取翁丁村四大特色要素为："田""园""塬""林"。在探寻四者关系的基础上，本次方案总体规划理念为：

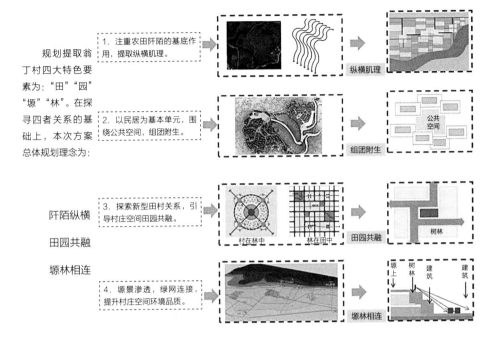

阡陌纵横

田园共融

塬林相连

图6-37 规划理念
（图片来源：云南艺术学院设计学院在地建筑工作室提供）

景观层，翁丁村外围散布着错落有致的梯田和蜿蜒的河流，它们相互映衬和依赖，共同构成了翁丁独树一帜的田园梯田景观层；原始村落景观层，在漫长的社会演进过程中，翁丁村甚少与外界接触，致使其保留了较传统的佤族文化。传统的干栏式茅草房、寨桩、神林、木鼓、民族风俗、生产生活等被完整保存，浓厚的原始村落氛围，构成了活化石般的原始村落景观（图6-38）。形成"一次'田''园''林'的完美邂逅"。

（2）传统建筑的保护与更新——中观层面

翁丁村传统的佤族民居有两种形态：干栏式和四壁落地式。特色非常鲜明，但同样存在问题，主要表现三个方面：其一，不当修葺，导致出现建筑风貌不统一的现象；其二，部分建筑破损严重，未得到有效保护和修缮；其三，部分建筑内部缺乏设计，致使居住条件差。通过现场调研，我们把翁丁村民居建筑损毁等级分为三个等级：一级为屋面损毁严重，建筑构架大面积裸露，生活居住存在多方面问题；二级为屋面损毁较轻，建筑构架部分裸露，屋顶破损，屋身出现倾斜等现象；三级为屋面及屋身几乎没有损毁，但内部空间条件简陋破败，居住条件差。为有效地进行建筑的修缮、改造和原始面貌的保护，以寨心为中心划定45米范围内的建筑为保护建筑，以维持原貌。其余建筑按实际情况进行修缮或改造。针对上述情况，在针对民居改造的时候，首先从结构上，充分尊重翁丁村民居骨架结构，保持翁丁村佤族民居的独有特色；其次从材料上，依旧以竹、木、草为

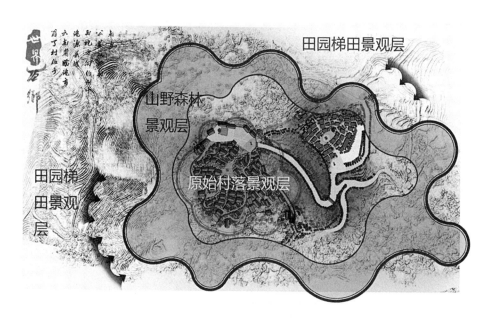

图6-38 环境景观分析
（图片来源：云南艺术学院设计学院在地建筑工作室提供）

主要材料，保证建筑风貌的统一性和完整性；最后从功能上，在保持必要的民族
元素不变的情况下，尽可能融入适居宜人的功能空间，以改变建筑内部居住条件
差的现状（图6-39）。

（3）小环境的营造——微观层面

小环境是精神家园的一种表现，它时刻体现着乡愁。小环境营造的好坏关系
到当地佤族的是否具有认同感和归属感。比如，从翁丁村的寨门到寨心三百多米
的道路两侧只有零星的牛头桩。其一，这条道路的景观略显单调；其二，游客对
牛头桩不甚理解。针对这种现象，设计上，这条道路两侧可以适当地增加一些由
当地的木材和茅草建成的宣传栏，用于介绍当地佤族的历史、民族文化和风俗，
使游客可以更加全面直观地理解佤寨文化（图6-40）。恰当运用具有佤族特色元
素建筑小品和导视标志，不仅能充分体现它的艺术价值，还对整体景观做有益补
充。不仅强化游客对佤族民俗的认识，还丰富了部落内部景观，同时增强了当地
佤族的认同感和归属感（图6-41）。

3. 设计无痕，与环境共生的发展策略

随着当地旅游的发展，原有的翁丁原始村落已经不能满足旅游带来的需求。
为了更好地解决这一矛盾，在远离原有的村落的地方另寻一块用地新建建筑，来
满足旅游带来的"吃、住、行"等功能需求。既然是新建建筑，自然是不能照搬

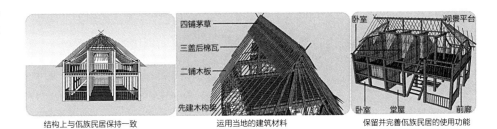

结构上与佤族民居保持一致　　　　运用当地的建筑材料　　　　保留并完善佤族民居的使用功能

图6-39　民居改造示意图
（图片来源：云南艺术学院设计学院在地建筑工作室提供）

图6-40　道路景观改造示意图
（图片来源：云南艺术学院设计学院在地建筑工作室提供）

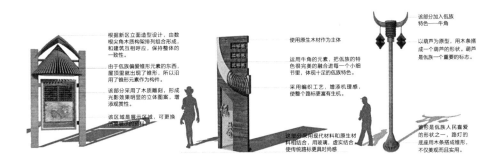

图6-41　具有佤族特色的标识系统设计
（图片来源：云南艺术学院设计学院在地建筑工作室提供）

原有的村落，但又不能完全与原有的村落割裂开来。因此，在新区规划的时候，首先，在村落肌理的布局上与老村是一脉相承。其次，与周边的环境相协调。新区的周边都是一些稻田，因此在新区的道路规划时采用自然的弧线，以顺应周边稻田的地形肌理，做到与环境共生（图6-42）。再次，在寨心广场设计时既要满足大量游客聚散的需求，同时体现寨心精神领地的作用。最后，新建建筑形态上采用了当地佤族"叉叉房"的形态，并对当地的建筑材料竹子加以利用，进行了一定的创新。既符合当地特色，与整体的建筑环境融为一体，又体现了一定的时代性（图6-43）。

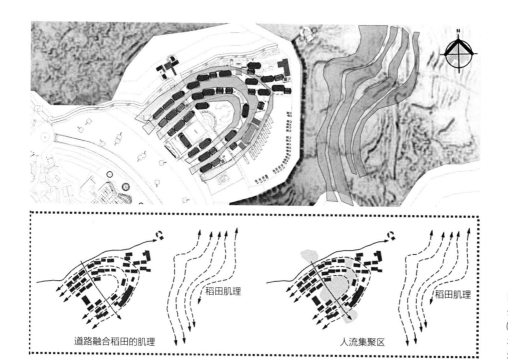

图6-42 新区规划
分析图
（图片来源：云南艺
术学院设计学院在
地建筑工作室提供）

图6-43 具有佤族
特色的新区建筑设计
（图片来源：云南艺
术学院设计学院在
地建筑工作室提供）

6.6.3　小结

传统村落是村民生活生产的地方，是活的文化遗产。因此，传统村落的保护应该是"活的生态博物馆"式的保护，既保护物质形态遗产，同时再现非物质的生活文化，留住乡愁。同时，传统村落的保护也应该是兼顾传统文化传承与村落经济发展的保护。对于原始村落的翁丁村来说利用村落淳朴原始的传统文化进行旅游开发，实现经济发展与传统文化保护的协调一致。一方面，通过旅游开发改善村落的基础设施和环境卫生，使古村落风貌更加整洁、和谐、美观；另一方面，通过旅游开发改善现有的空心村的局面，增强村民对本村传统文化的自豪感，让更多的村民自觉地投入村落的建设之中，留住乡愁。

（本节作为文章发表于《第三届中建杯西部"5+2"环境设计双年展成果集学术研究》，中国建筑工业出版社，2017，10）

6.7　设计介入云南美丽乡村建设——以沧源翁丁村为例

从社会主义新农村建设到美丽乡村建设再到乡村振兴，设计介入乡村建设的力度越来越大了，甚至从某个方面推动了乡村的发展。但是，设计以何种姿态介入乡村建设呢？笔者首先研究国内外乡村建设的动态，以云南翁丁村为例，从建立为村民而设计的设计观和传统民居的核心价值再生两个方面分析，总结了以乡村问题的梳理为导向进行分析的多元参与的新农村社区的营造模式。

2013年，国家首次提出了"加强农村生态建设、环境保护和综合整治，努力建设美丽乡村。"随即，全国范围内掀起了"美丽乡村"建设的热潮。2018年，国家提出了"乡村振兴"战略，到了2019年脱贫攻坚的决胜之年，在这样的大背景下，设计不仅介入乡村的范围之广、程度之深，而且也推动了乡村的建设。

6.7.1　国外乡村建设研究动态

早在19世纪，欧洲空想社会主义就提出了农村公社想法，再到俄国的"第三种知识分子运动"都在不同程度上影响了当时农村的发展[1]。20世纪中叶，康奈尔大学人类学系在维柯斯农村地区进行了"自由社区"的实验，这是美国早期最具代表性的乡建实验：人类学家以一种积极的态度参与介入乡村。[2]日本从1955年开始，至今已经进行了多次新农村建设运动。20世纪70年代末，日本率先发起"造村运动"，对乡村资源综合利用与发展，使各项目整合并得到高效开发。而1979年实施的"一村一品"运动是乡村建设中极具代表性的探索，设计介入乡村，充分开发乡村有利资源反哺城市，使乡村焕发活力。20世纪90年代以后，日本的艺术家开始自觉和不自觉地参与乡村重建的工作。其中，椹木野衣用当代艺

① 尹爱慕，王宝生. 艺术介入乡村建设多个案比较研究与实践[D]. 长沙：湖南大学，2017，5：10.
② 尹爱慕，王宝生. 艺术介入乡村建设多个案比较研究与实践[D]. 长沙：湖南大学，2017，5：10.

术设计重建濑户群岛中的四个岛屿的直岛模式最具代表性。①而韩国也于1970年朴正熙政府倡导"新村运动"，促进工农业均衡发展。除此以外，进入20世纪90年代，德国的"村庄更新"注重乡村价值，其乡村建设强调可持续发展理念，与自然和谐发展，因地制宜发展可持续经济。

国外的设计介入新农村建设重在保护原有农村的面貌，设计的介入是为了农村的建设有可持续性。这一模式为我国新农村的建设提供了可持续发展的经验。

6.7.2 国内乡村建设研究动态

19世纪末，受到西方工业文明的冲击，社会经济文化整体衰败，导致中国农村破产。1902年，河北定县米氏父子的"翟城村志" 拉开我国乡村实践的序幕（图6-44），把日本的农协制度引入到当地，在翟城成立典范村并加以推广。②"翟城村志"是第一个把国外经验引入到国内的。之后，著名学者费孝通从乡土社会的角度，发展农村要走农村工业化道路，将工业保留在农村来发展农村。并探索了"苏南模式""温州模式""民权模式"等"志在富民"发展模式。③20世纪二三十年代，以梁漱溟、晏阳初、杨开道等学者为代表提倡乡村建设的是"重农派"，提出农村文化是中国文化的根基，其中包括晏阳初提出的培养"有文化的中国新农民"的"定县模式"和梁漱溟重建中国社会新秩序的"邹平模式"。④1949年之后，成立人民公社，用农村户口将农民们稳定在了农村。这段时间，农村虽没有衰败但也没有走出贫困。改革开放以后，农民开始大规模进城。到了21世纪，农村空巢化现象更加突出。2005年10月，国家提出了社会主义新农村建设的纲领。2013年，全国又提出了美丽乡村建设。2018年，国家提出了实施乡村振兴、精准扶贫战略，提出了"产业兴旺、生态宜居、乡风文明、治理有效、生活富裕"的乡村振兴的总要求。

6.7.3 云南乡村建设现状

2018年12月10日，国家住房和城乡建设部网站发布《关于第五批拟列入中国传统村落名录的村落基本情况公示》。至此，我国已将6799个有重要保护价值的村落列入了中国传统村落名录，云南省已有709个村落入选中国传统村落名录，占全国的十分之一之多。近六年来，云南省委省政府通过各种渠道投资近200亿，在全省范围内建设了8263个"乡村美、产业兴、农民富、可持续"的美丽乡村。这充分说明了云南民族文化的丰富性和云南传统村落保护的价值，以及云南乡村发展的广阔前景。云南自古以来是农业大省，有大量的人民仍然留在农村，守护着文化遗产。然而，随着商业和设计机构盲目涌入农村，导致了千村一面的现象，破坏了农村的文化遗产。新农村的建设渐渐偏离了方向。

纵观我国的新农村的发展，设计介入新农村的建设比较少。直到21世纪，掀

① 方李莉. 论艺术介入美丽乡村建设——艺术人类学视角[J]. 民族艺术, 2019（3）: 95.
② 赵辰, 李昌平, 王磊. 乡村需求与建筑师的态度[J]. 建筑学报, 2016（8）: 47.
③ 尹爱慕, 王宝生. 艺术介入乡村建设多个案比较研究与实践[D]. 长沙: 湖南大学, 2017, 5: 1.
④ 尹爱慕, 王宝生. 艺术介入乡村建设多个案比较研究与实践[D]. 长沙: 湖南大学, 2017, 5: 1.

2018	乡村振兴、精准扶贫
2013	美丽乡村建设
2009	李昌平、孙君"郝堂实验"
2007	欧宁"碧山计划" 渠岩"许村计划"
2005	社会主义新农村建设
2003	孙君"五山模式" 温铁军"后定县实验"
1998	建设有中国特色社会主义新农村
1991	建设新农村
1984	文明村建设
1980	家庭联产承包责任制
1978	加快农村发展的决定
1966	"文化大革命"
1964	农业学大寨
1963	上山下乡
1958	人民公社
1956	高级农业合作社
1954	初级农业合作社
1953	互助组
1949	中国共产党"土地改革"
1947	晏阳初"华西实验"
1946	晏阳初"巴璧实验"
1933	中国国民党"乡村复兴运动"
1931	梁漱溟"邹平实验"
1928	中国共产党"乡村革命运动" 黄炎培"徐公桥模式"
1927	陶行知"晓庄实验" 卢作孚"北碚实验"
1926	晏阳初"定县实验"
1917	阎锡山"村治改革"
1915	孙发绪"翟城村治"
1904	米春明"翟城村治"

图6-44　近现代以来中国乡建演变历程（图片来源：笔者改绘于赵辰，李昌平，王磊. 乡村需求与建筑师的态度[J]. 建筑学报，2016（8）：47）

起了一片设计介入乡村建设的热潮。尤其是近10年，艺术乡建、设计下乡推动了乡村的发展，比较有代表性的稀捍行动、宋庄艺术区的建设、渠岩的"许村计划"，以及一些设计机构和高校为农村做的设计。设计与乡村，原本是没有很强关联的词汇，但随着社会的发展、经济的增长而越来越多地走到一起。在美丽乡村、精准扶贫国家宏观背景下，设计介入乡村建设，既体现了正当性，也体现了必要性。然而，正当性和必要性并不必然导向好的结果。在一片火热之中，值得细细思量的一个关键问题是：设计以何种姿态介入乡村建设？

6.7.4　设计介入翁丁村

云南艺术学院设计学院从2006年开始每年扎根一个城市（包括乡村），先后开展了2006"创意富民"、2007"创意香格里拉、峨山"、2008"创意石林"、2009"创意鹤庆"、2010"创意瑞丽"、2011"创意个旧"、2012"创意寻甸"、2013"美丽云南"、2014"CIF校企合作"、2015"CIF校企合作"、2016"创意昆明"、2017"创意沧源"、2018"创意呈贡"、2019"创意弥勒"民族文化主题创意活动。连续14年的创意活动扎根于城市与乡村，设计介入城市与乡村，彰显地域文化、民族文化特色，助推城市与乡村的发展。

翁丁村位于云南省临沧市沧源县，处在滇西南中缅边境（图6-45），是中

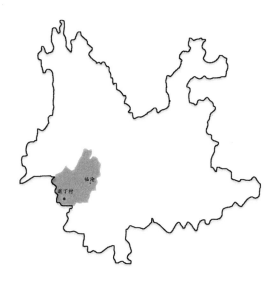

图6-45 翁丁村的位置示意图
（图片来源：笔者自绘）

国最后一个佤族原始村落，有着独特而鲜明的民族特色与文化，是佤族文化活的
博物馆，同时又面临着发展的瓶颈。设计介入乡村，不是推倒重做，而是保护乡
村文化的同时注入新的活力。

1. 建立为村民而设计的设计观

自从我国推行社会主义新农村建设以来，很多设计机构和团体进驻乡村，但
往往把自己的设计观凌驾于村民民生的需求之上。其中，不乏很有特色的设计，
而且也获得了很多奖项，但是偏离了实际生活，反而无用武之地。究其原因，是
我们不清楚设计的对象吗？显然不是，根本原因是我们没有放低设计师姿态，没
有主动地融入到村民需求中去。因此，我们要构建多元参与新农村社区的营造模
式（图6-46）。多元参与新农村社区的营造模式是集合相关的专业设计团队、村
民、社区团体等相互合作共同参与完成。其中，村民参与是乡村社区营造的重
点。在这里，设计师不再是高高在上。为村民而设计，首先要深入调研，找准问
题，以乡村问题的梳理为导向进行分析，实现"五共三兴"的目标（图6-47）。

2016年，我们带着学生深入翁丁村调研，通过调研，我们发现：翁丁村历史
悠久，但由于对外交通不便，与外界信息交流比较少，使之相对闭塞落后。村内
道路不便，不利于经济产品的对外销售，间接阻碍了经济发展。同时，该村以茶
叶为主要产品，知名度低且产业模式单一。此外，村内部分建筑存在年久失修或
不同程度的损坏现象，内部居住环境和居住条件差。整个村落缺乏公共卫生设施
和公共基本服务设施，综合服务性比较差，居住品质不高的同时不利于当地旅游
业的发展，村内人口基数小，再加上大量劳动力外出，导致村内人口流失，村子
缺少活力（图6-48）。

图6-46 设计介入下的多元伙伴关系示意图
（图片来源：笔者改绘于 赵容慧，曾辉，卓想. 艺术介入策略下的新农村社区营造——台湾台南市土沟社区的营造[J]. 规划师，2016（2）：110）

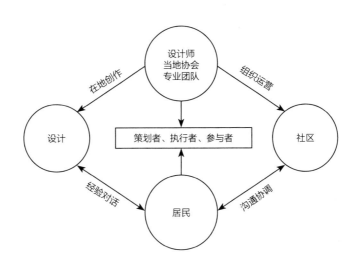

乡村振兴实现路径解读

图6-47 乡村振兴路径：五共三兴
（图片来源：苏童，王宇，饶祖林. 乡村振兴，我们在路上——设计介入乡村的实践思考[J]. 中国勘察设计，2018（7）：24）

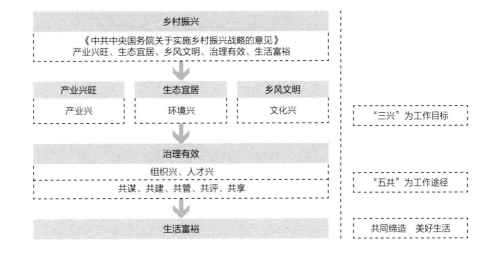

问题	分析	策略
村内产业发展薄弱	村庄经济部分依赖于外出打工，村内产业薄弱、劳动力较少，产业潜力特色未充分发掘。	挖掘特色、协调发展
村内空心化严重	部分建筑闲置衰落，留守的多为老人和儿童，生活环境较差。	分类整治、统一管理 增建公共空间
基础设施严重缺乏	生活垃圾收集与供水系统缺失、道路虽已硬化，但个别路况仍然很差，缺少公共厕所，卫生条件有待改进。	完善设施、提高标准
风貌不一	由于后期不当的修葺，出现个别不太和谐的建筑元素。	积极协调风貌

图6-48 设计策略
（图片来源：笔者自绘）

鉴于此，设计采取"保护为主，改造为辅"的原则：保护村落的山水格局和传统村落景观；保护村落周边的生态环境资源；保护村内具有文保价值的存遗及其古建；保护和修缮具有历史文化价值的传统建筑形式、空间特征、道路铺装、绿化布置、建筑小品及细部装饰等；保护与地方特色密切的山体、水系、地形、古树名木、河道沟渠、林地、人工要素。

为了给翁丁村提供基础服务配套设施，除在本村内部进行更新保护外，还需在外部选址新建村庄，满足翁丁村与日俱增的客源需求，且新村建设不会对原始翁丁村落产生破坏，妥善地解决了翁丁村内部环境问题，加大返乡人流量，改善翁丁村空心化的现象，带动当地经济的发展。

2. 传统民居的核心价值再生

何为传统民居的核心价值，本土学者朱良文教授从建筑的本源出发，提出"民居乃民之居所，本原是居，传统民居如此，现代民居亦如此。探讨传统民居的核心价值取向，应以居之本原为起点。从居之本原出发探求传统民居的核心价值，不在屋的外表之形，而在居的内在之理。"并从四个方面总结了传统民居的核心价值：在自然环境中的适应性、在现实生活中的合理性、在时空发展中的变通性、在文化交流中的兼容性。[①]

云南传统民居的核心价值归根结底包括：环境价值——建筑形态、材料构造对自然环境的适应性；使用价值——包括物质需求和精神需求；可持续发展的价值——"传统民居"本身就是发展的产物，不是静态的物体，随着时间空间的变化不断发展，这种发展是可持续性的；文化价值——兼收并蓄、融汇于我。

通过调研，我们发现翁丁村至今仍保留着完整的佤族传统干栏式茅草房以及各类佤族祭祀房、神林、木鼓房，翁丁村较好地保留了传统风貌；整个村寨依山而建，建筑布局紧凑，错落有致，四面树林环绕，风景秀丽，空间布局紧凑，与地理条件相呼应。但由于后期一些不当的修葺出现与整体风貌不太协调的建筑元素，使得整体风貌不够统一；由于部落内部房屋拥挤，用地紧张，除去必要的道路用地和生活用地外，可用于绿化的空间欠缺，致使内部绿化不够丰富。部分房屋破损严重，居住环境质量差，村落空心化现象严重，弃置房屋较多；公共设施较少，宅前水塘保护不足，生态环境亟需治理（图6-49）。

针对这种情况，我们排查了村寨的所有建筑，和村民一起交流讨论，最后提出了保护、修缮和改造的方案。首先，以寨心为中心45米范围内的建筑为保护建筑，以尽量地维持原貌。其余建筑按实际情况进行修缮或改造。其次，把损毁的民居分为三个等级：一级，屋面损毁严重，建筑内部结构大面积裸露，有垮塌的危险，不适合居住；二级，屋面损毁较轻，建筑构架部分裸露，屋顶破损，屋身

① 朱良文. 不以形作标尺 探求居之本原——传统民居的核心价值探讨[R]. 昆明：云南艺术学院设计学院，2013.

（a）翁丁老寨

图6-49 翁丁老寨
与规划新区
（图片来源：a笔者
自绘；b云南艺术学
院设计学院在地建
筑工作室提供）

发展新区　　　　　　　　　　保留老区

（b）规划设计图

出现倾斜等现象；三级，屋面及屋身几乎没有损毁，但内部空间条件简陋破败，居住条件差。对于二、三级破损的房屋，尽量进行修缮，对于一级破损的房屋，进行改造（图6-50）。

①自然环境中的适应性

佤族民居属于干栏式建筑，源于3000年前沧源崖画中的巢居。翁丁村位于大山之间，村寨依山而建，高低错落有致。由于建房的平地较少，所以佤族民居都采用干栏式。翁丁村位于热带地区，夏天炎热多雨，当地的年降雨量约为2000毫米，干栏式民居底层架空，一来避免雨季雨水的冲刷，二来在炎热的夏季有利于通风，室内比较凉爽。由于当地的佤族仍然是农耕生活，架空的底层方便居民堆放木材，放养牲口（图6-51）。

一级损毁建筑

二级损毁建筑

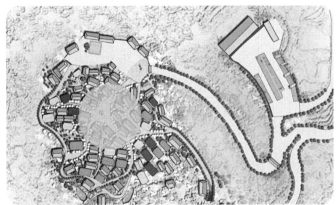

三级损毁建筑

建筑保护区

一级损毁建筑

二级损毁建筑

三级损毁建筑

图6-50 民居损毁
三个等级
（图片来源：云南艺
术学院设计学院在
地建筑工作室提供）

图6-51 佤族干栏
式民居
（图片来源：笔者
自摄）

改造建筑过程中，全部采用竹子、木和茅草等乡土材料，这些材料均来源于周围的森林之中。据尹绍亭先生调查，佤族收获农作物之后，便撒播一些水冬瓜树籽、松树籽等，待长大之后，便砍伐一些建盖房屋。当地居民还保留一定面积的茅草轮歇地，把茅草编制成草排，覆盖在屋顶之上。

总之，佤族干栏式民居崇尚自然、因地制宜、就地取材、结合气候，是自然环境中的适应性的一种表现。

②现实生活中的合理性

随着旅游的发展，翁丁村的接待能力十分有限。实地调研，寨子里只有三家农家乐供游客就餐和短暂休息，提供住宿的民居也不多，只有四家左右几十张床位。因此在有限的资金内，对已有的民居加以改造，使之满足现有的生活需要。然后在有条件的民居中增加一些必要的接待设施满足旅游要求（图6-52），在不影响当地佤族村民日常生活和正常的生产劳动投入运行。既有效地保护当地佤族村寨的自然及文化生态环境，又符合现实生活中的合理性。

为了满足旅游的需要，我们增设了公共卫生间。在设计上，采用当地"鸡罩笼"式的叉叉房造型，用当地的木材作为墙身材料，用当地的竹篾编织成网状形成屋顶。整个建筑形态轻盈，绿色环保，符合现实生活的需要（图6-53）。

图6-52　民居改造成民宿
（图片来源：云南艺术学院设计学院在地建筑工作室提供）

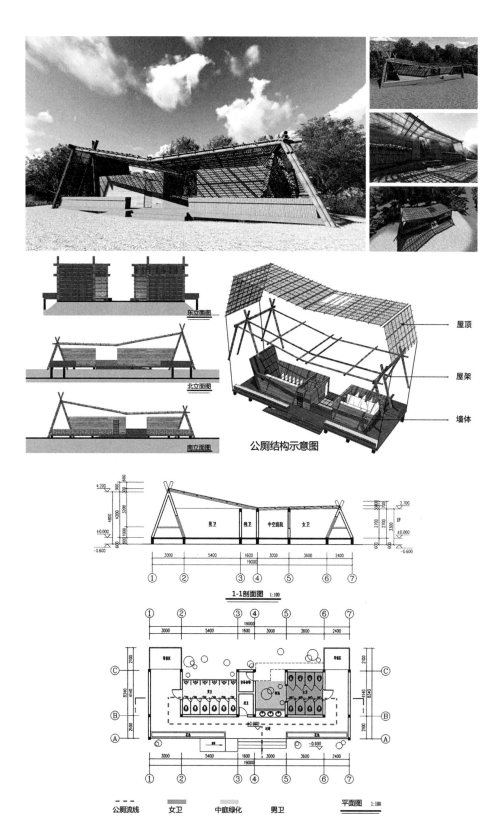

图6-53 公共卫生
间设计方案
（图片来源：云南艺
术学院设计学院在
地建筑工作室提供）

③时空发展中的变通性

翁丁佤族干栏式建筑，实际是围绕木构架体系类型演变的。早期佤族的干栏式民居平面是半圆半方的"鸡罩笼"。原型源自"司岗里"洞穴形状，这种形式是一种文化的认同与传承。但更多的是受到木构架体系的影响，早期佤族民居结构体系是旧大柱体系，分为2、4、8大柱，有着严格的等级观念。"鸡罩笼"属于旧2大柱体系。所谓旧2大柱体系，就是屋内只有两根直接落地的大柱承载屋脊，也称为承脊柱。旧4大柱体系，就是两边的山墙各有两根柱子。旧8大柱体系，就是在旧4大柱体系两边的山墙再加两根柱子，形成一个4榀构架（图6-54）。[①]

随着时间的发展，为了改善居住条件，当地的工匠引入了大梁式结构形式。早期大梁式为双坡屋架，所以建筑形式出现了传统的人字双坡屋顶。虽然大梁式结构减少了柱子对空间的占用，但对于柱子崇拜的佤族来说，缺失了信仰柱再加上结构体系不成熟，所以这种形式在翁丁村昙花一现。

随着经济技术的发展，出现了人字形的榀架，简化了屋顶形式，优化了原有的大柱体系，形成了新的2、4、6、8大柱结构，使房屋整体框架系统日臻完善，

① 周琦，唐黎洲，孙婧妍. 翁丁佤族干栏式建筑木构架演变研究[J]. 遗产与保护研究，2017（4）.

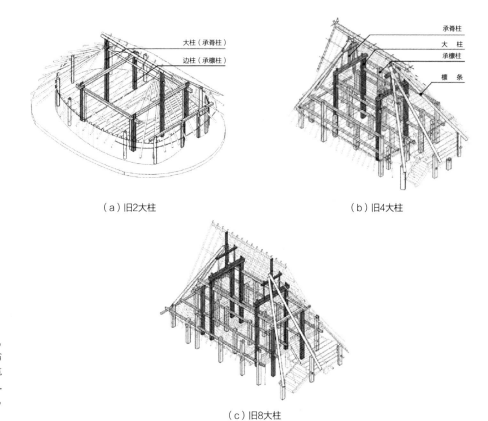

（a）旧2大柱　　　　　　　　　　（b）旧4大柱

（c）旧8大柱

图6-54　旧大柱体系
（图片来源：周琦，唐黎洲，孙婧妍. 翁丁佤族干栏式建筑木构架演变研究[J]. 遗产与保护研究，2017（4）：129）

形成了歇山式屋顶。其中，新的大柱结构没有等级之分，视房屋的规模大小分别采用2、4、6、8大柱，其中6大柱是过渡户型（图6-55）。[①]

出于对文化和实际使用的需求，翁丁佤族干栏式建筑在时空发展中的不断变通，既有早期的"鸡罩笼"，也有中期的双坡屋顶和现在的歇山式屋顶，是一部活生生的佤族人的文化生活史。

④文化交流中的兼容性

翁丁村原有的展示馆已经不能满足日益增长的游客游览的要求，急需要建一座新的传习馆。新馆位于"新村"和"旧村"之间，起到了过渡的作用；要把这座建筑设计好了，既要考虑新建筑的现代风格，也要照顾旧建筑的古朴韵味。

传习馆由于现代展览功能的需要，内部空间和体量比较庞大，为了与翁丁寨的肌理相吻合，把整个建筑化整为零，引入院落，运用了佤族干栏民居建筑的形象特征，俨然是一个佤族聚落，很好地融入古寨之中（图6-56）。内部结构源自佤族民居人字形的槅架，为了减少柱子占用的内部空间以及结构的牢固，柱子采用空心钢作为材料，所有的管线隐藏在柱子的空心钢管内。

传习馆是佤族文化交流的窗口，采用了现代建筑的施工工艺。一方面，传习馆在设计时贯穿了"生长建筑"的理念，运用了佤族建筑茅草顶的形象特征，再

① 周琦，唐黎洲，孙婧妍. 翁丁佤族干栏式建筑木构架演变研究[J]. 遗产与保护研究，2017（4）: 131.

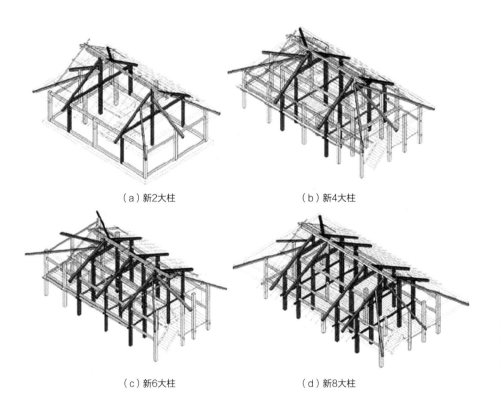

（a）新2大柱　　　　　　　（b）新4大柱

（c）新6大柱　　　　　　　（d）新8大柱

图6-55　新大柱体系
（图片来源：周琦，唐黎洲，孙婧妍. 翁丁佤族干栏式建筑木构架演变研究[J]. 遗产与保护研究，2017（4）: 131）

用当地的材料施工制作，使建筑有一股"土"的气息；另一方面，佤族传统建筑
难以满足采光日照、展品保存等功能，通过现代的手法解决了这些问题。依势而
建的传习馆，就像四周起伏的山峦一样，融入青山绿林之中，与原始的佤族部落
相得益彰，是传统文化与现代建筑的交融。

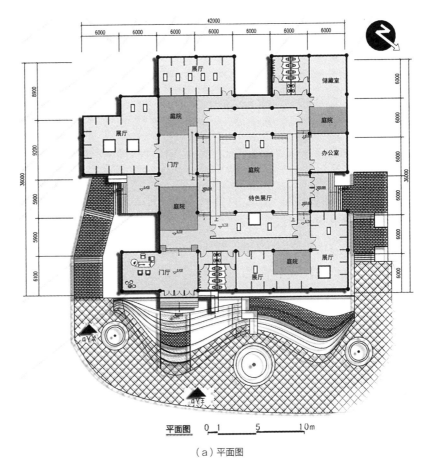

（a）平面图

图6-56 传习馆设
计方案
（图片来源：云南艺
术学院设计学院在
地建筑工作室提供）

（b）效果图

6.7.5 小结

设计介入乡村，不应该以设计师的意志为转移，应该是多方共同参与的过程。设计师应该放低姿态，树立为村民设计的理念，深入调研，找准问题，以乡村问题的梳理为导向进行分析，实事求是，以设计助推乡村的发展，真正实现乡村振兴。

（本节作为文章发表于《Proceedings of the 3rd International Conference on Art Studies: Science，Experience，Education（ICASSEE 2019）》（第三届文艺研究国际会议），2019.10）

6.8 用设计创意推动云南民族文化的发展

党的十八大提出建设社会主义文化强国，关键是增强全民族文化创造活力。笔者从文化的内涵出发，提出了云南民族文化不断发展，形成一种新的本土文化的论断。并从学科专业视角，通过设计学院十年的创意实践活动，从基于"地域资源可持续发展的环境空间设计"、对"美丽云南"现代环境空间设计中的地域文化营造、传统民居核心价值系统再生设计、特色城镇创新设计等四个方面分析了如何用设计创意推动云南民族文化的发展。

党的十七届六中全会隆重地推出了社会主义文化大发展大繁荣的决定，突出了文化在综合国力竞争中的地位和作用。党的十八大报告对扎实推进社会主义文化强国建设作出了新的全面部署，明确指出：全面建成小康社会，实现中华民族伟大复兴，必须推动社会主义文化大发展大繁荣；建设社会主义文化强国，必须走中国特色社会主义文化发展道路；建设社会主义文化强国，关键是增强全民族文化创造活力。十八大把文化建设提到一个新的高度，会议精神指出"扎实推进社会主义文化强国建设"，并提出"增强文化实力和竞争力""文化艺术生产进一步繁荣"。云南省的第九次党代会再次提到"文化是民族的血脉，是人民的精神家园。必须更加自觉、更加主动地文化大发展大繁荣"，这是云南省"两强一堡"建设中重要的环节，并直接关系到民族文化强省的建设。因此，推动云南民族文化的发展已是当下十分重要而紧迫的任务。

那么，如何推动云南民族文化的发展呢？在此，我们有必要重新审视文化的概念。

6.8.1 文化的内涵

"所谓文化，是各个文化特质共同构成的整合体。任何一个单项文化物质，都是一套特殊的行为模式。这些文化物质，基本上受历史、地理因素的塑造。"①云南民族文化正是由26个民族共同构成的整体，每个民族尤其是其中的25个少数民族都有着自己的文化特质。云南复杂的地理环境，多种多样气候环境，多民族的性格和形态丰富的宗教信仰和宗教文化，多样的民俗民风，多样的自然景观和建筑形式，使得云南的文化呈现出多彩的地域文化特色和无穷的艺术魅力。

美国的人类学家之父泰勒在《原始文化》一书中，提出"文化是人类整个生活方式的总和"②。其所说的生活方式，包括了：语言、知识、宗教、信仰、政治、经济、艺术、道德、法律、科技、教育、观念、价值、习俗等广泛的意义，"文化是一个复杂的总体"，包括了"人类在社会生活里所得一切能力与习惯"，并且说"文化是人类特有的适应环境的方式"。③云南的民居建筑是云南各族人民生活方式的缩影。其形式质朴、古拙，充满了生机，而由民居集合而成的聚落由于自然环境、社会和民族等因素的不同，形式复杂多变。民居及聚落作为一种文化的载体，体现了民族所特有的审美追求、伦理思想、价值取向、民族性格和宗教信仰等深层的文化内涵，极大地丰富了云南的自然和人文景观。在千百年的历史长河中，云南各民族创造了博大精深、悠久灿烂、瑰丽多姿的民族历史文化，在西南大地上形成了多彩的画卷。一座座风格迥异的城镇，一栋栋各具特色的民族建筑，书写着云南的多彩生活，叙述着一个个美丽的故事……

"越是民族的，就越是世界的"，这说明世界欢迎民族文化的多样性。然而历史的脚步在不断地前行，一些云南独一无二的地域文化资源由于各种各样的原因消失在历史的长河中，而另一些记载地域文化的经典传统元素也不得不面临时代的变革与创新。伴随上述这些因素随着时代的变迁不断地演变，而今他们又再次幻化成一种新的文化，而这其中所包含的历史与创新，则更是代表了一种与时俱进的时代精神。

文化，重点在于"化"，它是随着历史的进程不断变化的。随着经济的迅猛发展，地区间的差异逐渐缩小，世界文化呈某种趋同的态势。但与此同时，传统文化和民族意识越发显得突出。在各种文化相互交融的过程中逐渐产生了新的本土文化：一方面本民族原有文化在外来文化的冲击下得到了更新；另一方面，外来文化在本民族和本地域的特殊条件下产生了"折射"，形成了新的本土文化。本土文化提倡符合各地、各民族的"以我为主"的多元文化的交融，提倡古为今用，洋为中用。

从2004年"创意腾冲"开始，云南艺术学院设计学院开展了喜州、富民、峨山、香格里拉、石林、鹤庆、瑞丽、个旧、寻甸乃至创意云南等一系列的创意活动。十年的创意活动，设计学院一直都植根于云南丰富的各种资源的沃土之中，

① 吴良镛. 建筑文化与地区建筑学[M]//高介华. 建筑与文化（第四集）. 天津：天津科学技术出版社，1999：4-7.
② [美]爱德华·泰勒. 原始文化[M]. 连树生，译. 南宁：广西师范大学出版社，2005.
③ [美]爱德华·泰勒. 原始文化[M]. 连树生，译. 南宁：广西师范大学出版社，2005.

以不同地区的城市创作为故事背景，来叙述云南民族文化的特质与多元性，重点展示民族文化在现代城市环境及其相关领域中的创造性应用与价值拓展。充分发挥云南特色民族文化、历史文化、地域文化和自然资源优势，进一步提炼和升华云南形象，向世界宣传云南的文化魅力、推广云南的文化价值，为民族文化产业、地方经济增长培育人才，并进一步激活云南民族文化产业市场，从根本上提升云南民族文化创意产业的核心价值。

6.8.2 创意的内涵与方法

"创意"一词最早源自于英国。1998年，根据时任首相托尼·布莱尔的要求，英国政府DCMS（文化、媒体和体育部）"创意产业工作小组"（Creative Industries Task Force）提交了一份名为《英国创意产业路径文件》（Creative Industries Mapping Document）的研究报告，首次正式提出"创意产业"（Creative Industries）的概念。2005年，英国设计委员会重新发布一份名为《考克斯评估》文件，并提到"英国的'创意能力'是一种国家特性"……从此，"创意英国"的口号也变成了"创意在英国，制造在英国，创新在英国"这样的最新表达方式。[1]由此可见，创意不再是一种口号，而是在全球范围内发展成了一种创意产业，成为世界经济发展的重要支柱。

既然，创意如此重要。那么就云南而言，如何用创意的方法推动云南民族文化的发展呢？笔者试图从建筑学和环境艺术专业的角度，通过一些实践对这一问题做出解答。

1. 基于"地域资源可持续发展的环境空间设计"

云南是一个资源大省，被誉为"有色金属王国""植物王国""动物王国"。云南矿产资源丰富，其中25种矿产储量位居全国前三名，丰富的有色金属矿藏以及由此形成的锡都则更是不仅书写了灿烂的辉煌历史篇章。

个旧是我省"两强一堡"建设中重要的一站。个旧因锡而立，因锡而盛，因锡而名，是中国最大的现代化锡工业基地、世界上最早最大的产锡基地。遗留和保存着丰富的工业遗产，是中国千年的锡文化、百年民族工业史、锡工业文明发展的"见证者"。

然而，个旧和我国众多资源型老工业城市一样面临着前所未有的困扰和巨大挑战。随着经济的发展，资源的过度开采，严重滞缓了城市的发展。被废弃的矿区失去昨日的喧哗、闲置的厂房了无生机、环境遭到严重的破坏，原来以采矿为生的工人成为低收入的弱势群体，这一切都成为了城市发展的灰色斑块，如何将这些斑块以一种可持续的新形式再续辉煌将是个旧再次发展面临的问题（图6-57 a）。

①许平. 设计的大地——从"创意云南"活动看2011协同创新的方向与中国设计的选择[R]. 昆明：云南艺术学院设计学院，2013.

我们在创意个旧的过程中，对旧工业区进行改造和更新，重新挖掘锡文化特色。我们的策略不是废旧立新，而是旧物再利用。通过改变原有建筑、设施及场地的功能，既再现了工业区的历史，又为人们提供了文化、娱乐生活的园地。将旧工业区经过修整、翻新、改造直至改变功能后，不但能重新焕发活力，在另一方面还具有新建筑不可比拟的优势和特点。提高原有工业建筑的有效生命周期，使其合理化，这样将有利于城市生态环境，益于保持城市的固有文脉，并创造与时代感相符的城市新空间。改造设计所体现的积极理念和社会意义是毋庸置疑的，其产生的经济与社会效益也是人们有目共睹的。在某种意义上说，旧工业园区的改造可以看作是个旧城市发展的"第二春"（图6-57 b）。

2. 对"美丽云南"现代环境空间设计中的地域文化营造

在云南这块多彩的土地上聚居着25个少数民族。走进云南，你就在不经意间走进了纳西族的东巴文化、大理的白族文化、傣族的贝页文化、彝族的贝玛文化……走进汇集了神话、歌舞、绘画、古乐的民俗风情。

在平和的丽江古城中，人们更喜欢的是慵懒地闲居在古城的民居里，沉浸在东巴文化和纳西古乐的熏陶中；滇西南的西双版纳是婉约的，柔情的孔雀赋予了傣家姑娘优雅的气质，袅娜的筒裙下包裹的是版纳似水的风情；在大理喜洲风花雪月的浪漫人文氛围里，流传弥散着传统与现代、东方与西方、白族与汉族的交融。

不论何时何地在这片神奇的红土高原上，你都能深切感受到云南丰富多元的地域文化风情，而在我们设计创新中，也将最终寻求的是营造地域文化在环境设计空间中的运用，让人们时刻感受到云南文化之美的所在。

在创意鹤庆的过程中，紧紧围绕鹤庆悠久的历史、极具魅力的民族文化、独特的高原湿地景观、浓郁的宗教文化、极具影响的银器文化，以草海湿地自然生态环境为基础，以水乡银都、民俗文化为内涵，以生态保育为主，建成集享受自然、休闲购物、游憩健身、生态教育、观光体验等功能为一体的高原水乡旅游度假胜地。

①让"文化"来装饰建筑，让"文化"营建环境

用现代的设计语言对新华村背后所蕴藏的丰富文化进行解读与表现，与观者能够进行情感的互动，而不是仅停留与视觉的感受。用混凝土、钢材、玻璃幕墙等现代材料，打破传统材料、题材、功能的限制，发挥想象拓展传统文化的表现方式。

②"新"的设计语言

我们在设计当中一直在寻找一种新的设计语言，这种新的设计语言是建立在

（a）厂房改造

（b）矿洞景观

图6-57 旧工业园
区改造
（图片来源：云南艺
术学院设计学院环
境设计系提供）

对传统文化精髓的理解的基础上，用新时代的思想、语言进行全新的解读。在白族民居中，不论是三坊一照壁，抑或是四合五天井。其院落是白族人民憩息之所，她们在这里交流情感，因此是白族民居的重要场所。我们用一种现代的私家园林这种"新"的设计语言，重新注入院落新的生命（图6-58 a）。

③整合、提升当地的人文和自然资源

创意利用已有的生态和景观资源，增强"乡土"意识，在尊重原有的生态景观格局的前提下，通过积极的保护和科学的生态设计手法，展现当地美好的自然景观。把自然的真山、真水融入到建筑当中，通过建筑山墙的装饰凸显大理白族

（a）鹤庆酒店大堂设计

图6-58 鹤庆酒店
设计
（图片来源：云南艺
术学院设计学院环
境设计系提供）

（b）景观营造

的民族特色。同时在满足人们"住"的功能的同时，还要满足人们"游"的需求，使酒店本身成为具有民族文化特色的旅游胜地的独特品牌（图6-58 b）。

3. 传统民居核心价值系统再生设计

何为传统民居的核心价值，本土学者朱良文教授从建筑的本源出发，提出"民居乃民之居所，本原是居，传统民居如此，现代民居亦如此。探讨传统民居的核心价值取向，应以居之本原为起点。从居之本原出发探求传统民居的核心价值，不在屋的外表之形，而在居的内在之理。"并从四个方面总结了传统民居的核心价值：在自然环境中的适应性、在现实生活中的合理性、在时空发展中的变通性、在文化交流中的兼容性。[1]

云南传统民居的核心价值归根结底包括环境价值——建筑形态、材料构造对自然环境的适应性；使用价值——包括物质需求和精神需求；可持续发展的价值——"传统民居"本身就是发展的产物，不是静态的物体，随着时间空间的变化不断发展，这种发展是可持续性的；文化价值——兼收并蓄、融汇于我。

但随着社会的发展、工艺的进步、生活习惯的改变，很多特色的民族建筑濒临困境，如何使之既不失传统，又能满足现代生活的需要。我们在慕善村的创意中进行了尝试。

慕善村隶属于云南省红河州石屏县哨冲镇水瓜冲行政村，属于滇南山区。在这里最具特色的是它的生态建筑彝族——土掌房，是一种非常有特色民居。土掌房是最古老的彝族传统民居，大多建筑在干旱少雨的高寒山区和河谷地带。不管是建筑的形态还是它的建筑手法都是人与自然和谐共处的美好展现（图6-59 a）。

在设计中，我们采用当地的材料和土掌房的建筑形态通过现代的手法来体现它的环境价值；合理地解决通风、采光、卫生等问题来体现它的使用价值；通过构架层层跌落的屋顶平台形成步行的交通系统打破原有极不便利的交通系统来体现它的持续发展的价值；通过当地民族服装图案的提取和转换来体现它的文化价值。总之，通过这次创意展现慕善村花腰彝文化魅力、生态建筑、特色民居；解决当地花腰彝的生活，在不丢失民族特色文化的前提下对原有民居进行改造；以人为中心，以人为本，设计更贴近当地的生活情况和民族文化、民族风俗（图6-59 b）。

4. 特色城镇创新设计

云南的学者顾奇伟在《愉悦中的悲凉——十字路口的"云南派"》一文中指出："云南的城镇、建筑文化正处在'万花筒'式的十字路口……'万花筒'，既淹没了精品，也使得拙劣和残次毫无羞涩地混杂其中……'万花筒'，其瞬时变幻的缭乱，抹去了民族和地方文化的光彩。"[2]顾老一语道出了，在云南无论是

① 朱良文. 不以形作标尺 探求居之本原——传统民居的核心价值探讨[R]. 昆明：云南艺术学院设计学院, 2013.
② 顾奇伟. 愉悦中的悲凉——十字路口的"云南派"[M]//杨永生. 建筑百家评论集. 北京：中国建筑工业出版社, 2000.8：108.

（a）慕善村

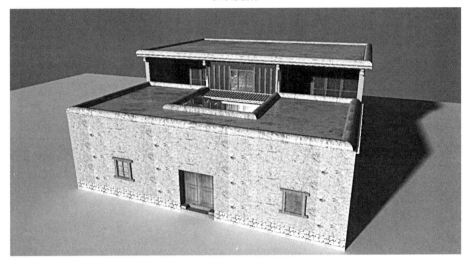

（b）土掌房改造

图6-59 慕善村土掌房改造
（图片来源：云南艺术学院设计学院环境设计系提供）

城市还是乡村，充斥着大量的"脸谱化""庸俗化"毫无地方特色的建筑，这些建筑到处"穿衣戴帽""反复克隆"，导致各地城镇犹如建筑的"万花筒"，进而形成了千城一面，日趋雷同之势，地方文化特色逐步消褪。

针对这一点，我们在创意石林的过程中，紧紧围绕石林的历史、人文、民俗文化、特色民族、民间工艺、产品等，打造成具有时代特色、富含历史积淀、具有阿诗玛文化背景的旅游景点，成为石林旅游的亮丽名片。首先，建筑和景观设计上采用石林撒尼族信奉的图腾（如牛头、虎头等）结合民族图案（如民族服饰图案、马缨花崇拜物图案等），提取并抽象代表当地特色的元素。其次，从撒尼族崇拜的红、黑、黄三色中提取必要的色彩进行适当的点缀。再次，从材料上进行考虑，适当地进行木材装饰，借以突出地方特色。最后，可以在建筑大面的石墙上进行如浮雕之类的能代表当地文化的艺术装饰，打造一个特色的城镇（图6-60）。

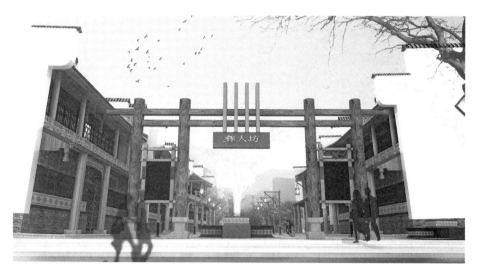

（a）街景

（b）夜景

图6-60 石林撒尼
古镇
（图片来源：云南艺
术学院设计学院环
境设计系提供）

6.8.3 小结

云南民族文化的发展是一项艰巨而又长远的任务。值得庆幸的是，十八大胜利召开为云南提供前所未有的发展契机。十年来，云南艺术学院设计学院的创意活动为云南民族文化的发展提供了一种探索模式。我坚信，设计创意不断地深入一定能推动云南民族文化的大发展、大繁荣。

（本节作为文章发表于《民族文化与设计创意：云南艺术学院设计学院校地合作实际探索文集》，云南大学出版社，2014.7）

附录 A 顾奇伟的部分创作作品及设计绘图收集

一、灰色时期的作品（1957～1979年）

1. 省纪委办公楼（1975年，图A-1）

2. 昆明云南省交通学校教学综合楼（1976年，顾老参与方案构思，图A-2）

3. 昆明市南窑汽车客运站（1979年，图A-3）

图A-1 省纪委办
公楼
（图片来源：笔者
自摄）

图A-2　云南省交通
学校教学综合楼
（图片来源：笔者
自摄）

图A-3　昆明市南窑
汽车客运站
（图片来源：笔者
自摄）

二、红色时期的作品（1980~1998年）

1. 峨山彝族自治县烈士纪念碑（1985年，图A-4）

2. 昆明北京路南端商业步行街（1985~1989年，图A-5）

3. 玉溪聂耳公园（1986年，获1988年部优三等奖，图A-6）

4. 阿庐古洞洞外景区规划及建筑设计（1986年，获1990年省科技进步二等奖、2002年首届云南优秀特色建筑设计二等奖，图A-7）

5. 沧源抗震纪念碑（1989~1990年，图A-8）

6. 石林避暑园（1990年，获2002年首届云南优秀特色建筑设计三等奖，图A-9）

7. 昆明大观街步行区规划方案（1990年，图A-10）

8. 重建金马碧鸡坊群体设计方案（1990年，图A-11）

9. 昆明理工大学新迎校区教学主楼（1990年，图A-12）

10. 昆明春苑小区（1990~1992年，图A-13）

11. 云南民族村傣族寨（1990年，获1991年省优一等奖、部优二等奖，图A-14）

12. 云南民族村彝族寨（1990年，获1993年省优一等奖、部优三等奖，其大门设计再次获得2002年首届云南优秀特色建筑设计三等奖，图A-15）

图A-4 峨山彝族自
治县烈士纪念碑
（图片来源：笔者
自摄）

图A-5　昆明北京路
南端商业步行街
（图片来源：笔者
自摄）

图A-6　玉溪聂耳
公园
（图片来源：笔者
自摄）

图A-7 阿庐古洞洞外景区
（图片来源：笔者自摄）

图A-8 沧源抗震纪念碑
（图片来源：顾奇伟，殷仁民. 无
招无式 解脱自我——关于建筑
创作思想方法的思考[J]. 建筑学
报，1990（8））

图A-9 石林避暑园
（图片来源：《建筑师》编委会编.
中国百名一级注册建筑师作品选2
[M]. 北京：中国建筑工业出版社，
1998，9）

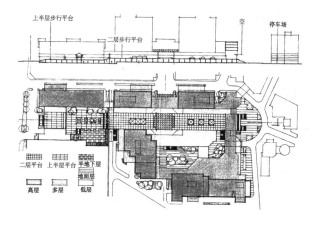

图A-10 昆明大观街步行区规划
方案
（图片来源：《建筑师》编委会编.
中国百名一级注册建筑师作品选2
[M]. 北京：中国建筑工业出版社，
1998，9）

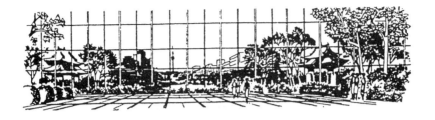

图A-11　重建金马碧鸡坊群体设计方案
（图片来源：顾奇伟. 探高逸的建筑品格　求当代中国的时代精神——初探建筑特色[J]. 建筑学报，
1984（11））

图A-12　昆明理工
大学新迎校区教学
主楼
（图片来源：笔者
自摄）

图A-13　昆明春苑
小区
（图片来源：笔者
自摄）

附录A 顾奇伟的
部分创作作品及设计
绘图收集

图A-14 云南民族
村傣族寨
（图片来源：笔者
自摄）

图A-15 云南民族
村彝族寨
（图片来源：笔者
自摄）

13. 建水燕子洞洞前总体设计（1991年，获1994年省优一等奖，图A-16）

14. 澄江抚仙湖孤岛休息亭方案（1991年，图A-17）

15. 新昆明电影院（1991~1992年，图A-18）

16. 大理蝴蝶泉景区蝴蝶馆（1991~1993年，图A-19）

17. 昆明市博物馆（1993~1994年，获1999年省优秀设计二等奖、2002年首届云
    南优秀特色建筑设计一等奖，图A-20）

图A-16　建水燕子
洞洞前景观建筑
（图片来源：顾奇伟
提供）

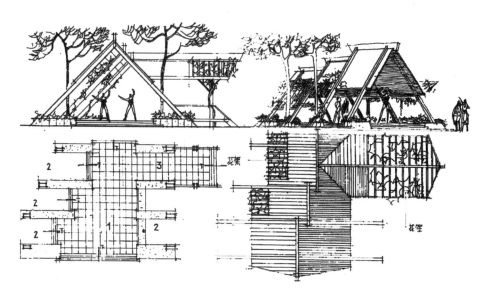

图A-17　澄江抚仙
湖孤岛休息亭
（图片来源：顾奇伟
提供）

附录A 顾奇伟的
部分创作作品及设计
绘图收集

图A-18 新昆明电
影院
(图片来源:笔者
自摄)

图A-19 施工阶段
的大理蝴蝶泉景区
蝴蝶馆
(图片来源:《建筑
师》编委会编. 中
国百名一级注册建
筑师作品选2[M]. 北
京:中国建筑工业
出版社, 1998, 9)

图A-20 昆明市博
物馆
(图片来源:笔者
自摄)

18. 昆明圆通街2号楼（1993~1994年，图A-21）

19. 云南人民英雄纪念碑（1994年，获省优一等奖，图A-22）

20. 翠湖中间岛服务点方案（1994年，图A-23）

21. 人民大会堂云南厅室内设计（1995年，图A-24）

22. 大理德化碑设计方案（1995年，图A-25）

图A-21　昆明圆通
街2号楼
（图片来源：笔者
自摄）

图A-22　云南人民英雄纪念碑
（图片来源：笔者自摄）

附录A 顾奇伟的
部分创作作品及设计
绘图收集

图A-23 翠湖中间
岛服务点方案
（图片来源：顾奇伟
提供）

图A-24 人民大会
堂云南厅室内设计
（图片来源：《建筑
师》编委会编．中
国百名一级注册建
筑师作品选2[M]．北
京：中国建筑工业
出版社，1998，9）

图A-25 大理德化
碑设计方案
（图片来源：顾奇伟
提供）

23. 通海城市设计方案（1996年，图A-26）

24. 通海魁心阁周边环境保护规划方案（1996年，图A-27）

25. 瑞丽景颇族村村外接待站方案（1996年，图A-28）

图A-26 通海城市
设计方案
（图片来源：顾奇伟
提供）

图A-27 通海魁心
阁周边环境保护规
划方案
（图片来源：顾奇伟
提供）

26．瑞丽入城口标志及休息点（1996年，图A-29）

27．瑞丽乐水探宝旅游点小品建筑（1996年，图A-30）

28．瑞丽独木成林旅游景点（1996年，图A-31）

29．东方花园小区绿化环境设计（1996年，图A-32）

30．昆明护国门构思方案（1996年，图A-33）

31．大理渊铺街商住楼方案（1996~1997年，图A-34）

32．大理苍山中线规划方案（1997年，图A-35）

33．昆明市中级人民法院室内设计（1997年，图A-36）

34．丽江香港同胞纪念碑（1997年，获2002年首届云南优秀特色建筑设计三等
奖，图A-37）

图A-29 瑞丽入城
口标志及休息点
（图片来源：顾奇伟
提供）

图A-28 瑞丽景颇族村村外接待
站方案
（图片来源：顾奇伟提供）

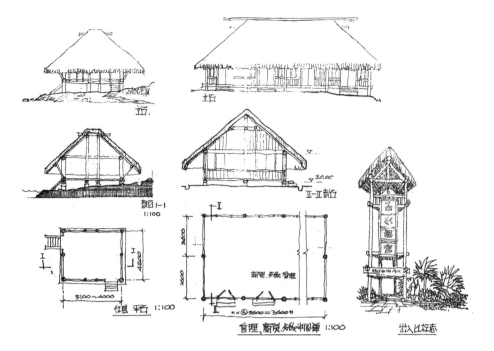

图A-30 瑞丽乐水
探宝旅游点小品建筑
（图片来源：顾奇伟
提供）

图A-31 瑞丽独木
成林旅游景点
（图片来源：顾奇伟
提供）

图A-32 东方花园
小区绿化环境设计
(图片来源:顾奇伟
提供)

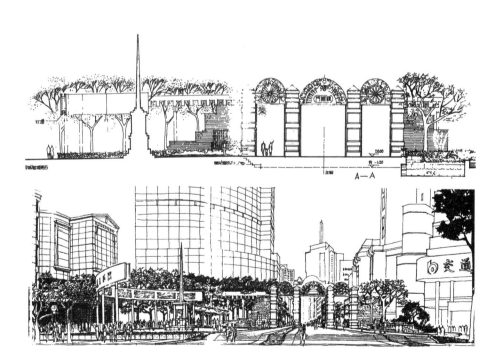

图A-33 昆明护国
门构思方案
(图片来源:顾奇伟
提供)

图A-34 大理渊铺
街商住楼方案
（图片来源：顾奇伟
提供）

图A-35 大理苍山中线规划方案
（图片来源：顾奇伟提供）

图A-36　昆明市中
级人民法院室内设计
（图片来源：《建筑
师》编委会编. 中
国百名一级注册建
筑师作品选2[M]. 北
京：中国建筑工业
出版社，1998，9）

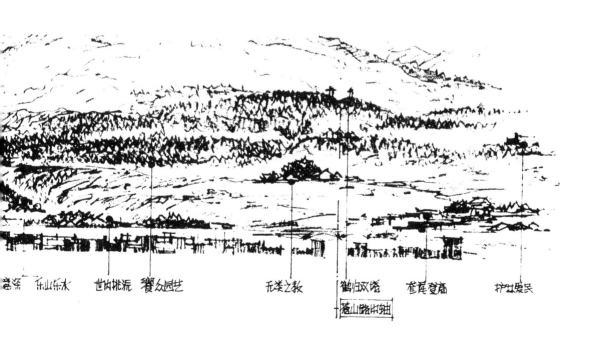

苍溪　东山乐水　世外桃源　饕众园艺　　无类之教　鹤归双塔　苍耳登届　护产爱民

苍山路出轴

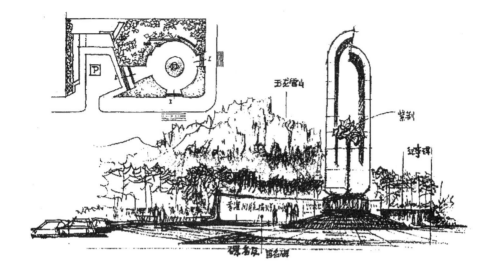

图A-37 丽江香港
同胞纪念碑
（图片来源：《建筑
师》编委会编．中
国百名一级注册建
筑师作品选2[M]．北
京：中国建筑工业
出版社，1998，9）

35．云南沾益新区环境规划设计方案（1997年，图A-38）

36．丽江重建木府衙署（1997年，获云南省1999年度优秀设计二等奖，图A-39）

37．大理下关文化活动中心广场吟风塔设计方案（1997年，图A-40）

图A-38 云南沾益新区环境规划设计方案

（图片来源：顾奇伟，殷仁民．十字路口的"云南派"——兼谈21世纪的云南建筑文化［J］.云南建筑，1999（3））

图A-39 丽江重建木府衙署
（图片来源：笔者自摄）

←高音量低频铃

←中音量中频铃

←低音量高频铃

图A-40 下关吟风塔
（图片来源：顾奇伟提供）

38. 丽江古城某酒楼（1997年，图A-41）

39. 浙江嘉兴小区中心主题设计方案（1997年，图A-42）

40. 昆阳城市中心规划方案（1998年，图A-43）

41. 佳园小区二期探索方案（1998年，图A-44）

42. 景洪市马洪设计事务所（1998年，图A-45）

43. 石林某宾馆改造方案（1998年，图A-46）

44. 景洪市天城商娱城（1998年，图A-47）

45. 大理高原明珠（1998年，图A-48）

图A-41　丽江古城某酒楼
（图片来源：笔者自摄）

图A-42 浙江嘉兴小区中
心主题设计方案
（图片来源：顾奇伟提供）

图A-43 昆阳城市中心规划方案
（图片来源：顾奇伟提供）

图A-44 佳园小区二期探索方案
（图片来源：顾奇伟提供）

220

阅读顾奇伟——从一位
本土建筑师的创作看
云南地域建筑发展

图A-45 景洪市马
洪设计事务所
（图片来源：顾奇伟
提供）

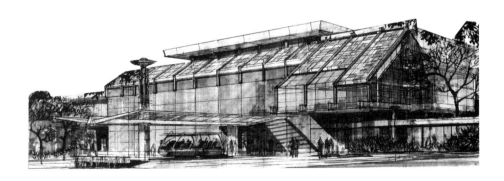

图A-46　石林某宾馆改造方案
（图片来源：顾奇伟提供）

图A-47　景洪市天城商娱城
（图片来源：顾奇伟提供）

图A-48　大理高原明珠
（图片来源：笔者自摄）

三、常青时期的作品（1999年至今）

1. 保山永昌文化中心（1998~2001年，图A-49）

2. 文明街片区规划方案（1998~1999年，图A-50）

3. 昆明大观路43医院扩建部分（1999年，图A-51）

4. 西双版纳社区文化中心方案（1999年，图A-52）

5. 西双版纳国税局（1999年，图A-53）

6. 昆明东站园林小区中心绿化景观设计（1999年，图A-54）

7. 永平行政中心规划方案（2001年，图A-55）

8. 晋宁城市中心设计方案（2000年，图A-56）

9. 石林交通广场规划设计方案（2001年，图A-57）

10. 无锡惠山古镇保护发展规划及其单体建筑设计（2002年，图A-58）

11. 丽江玉河走廊（2004年，图A-59）

12. 通海秀山旅游景区修建性详细规划（2005年，图A-60）

13. 通海龙潭取水点方案（2006年，图A-61）

14. 丽江黑龙潭拓展区及东巴文化博物馆修建性详细规划（2004年，图A-62）

15. 通海县政府地块置换开发控制性详细规划（2006年，图A-63）

16. 通海秀山入口前区修建性详细规划（2006年，图A-64）

保山袁牟（永昌）文化中心

1. 博物馆
2. 图书馆
3. 群艺馆
4. 餐饮商贸
5. 停车场
6. 历史名人馆
7. "历史长河" 文化轴
8. 温泉浴场
9. 花街
10. 花农住宅展区
11. 书画市场
12. 现有建筑
13. 城市建成区
14. 302国道（未来城市主干道）
15. 城市发展区

图A-49 保山永昌
文化中心
（图片来源：顾奇伟
提供）

图A-50　文明街片区规划方案
（图片来源：顾奇伟提供）

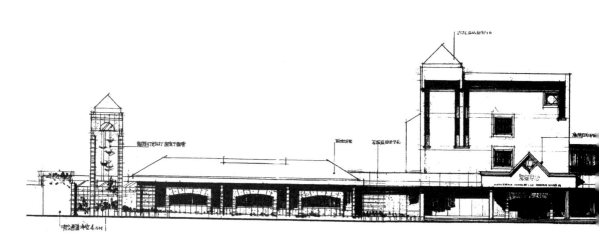

图A-51　昆明大观路43医院扩建部分
（图片来源：顾奇伟提供）

附录A　顾奇伟的
部分创作作品及设计
绘图收集

图A-52　西双版纳
社区文化中心方案
（图片来源：顾奇伟
提供）

图A-53　西双版纳
国税局
（图片来源：顾奇伟
提供）

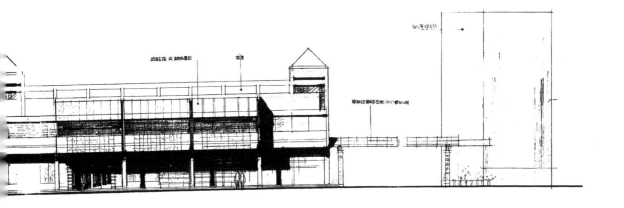

景观小品建筑设计

图A-54　昆明东站园林小区中心绿化景观设计
（图片来源：顾奇伟提供）

图A-55　永平行政中心规划方案
（图片来源：顾奇伟提供）

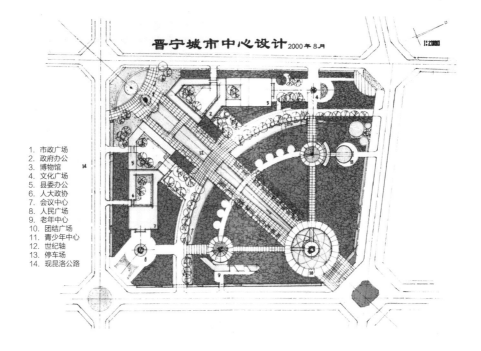

晋宁城市中心设计 2000年8月 1:2000

1. 市政广场
2. 政府办公
3. 博物馆
4. 文化广场
5. 县委办公
6. 人大政协
7. 会议中心
8. 人民广场
9. 老年中心
10. 团结广场
11. 青少年中心
12. 世纪轴
13. 停车场
14. 现昆洛公路

图A-56 晋宁城市中心设计方案
（图片来源：顾奇伟提供）

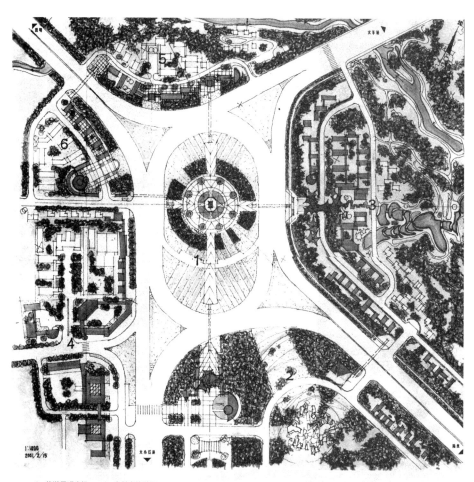

1. 旅游景观广场　　2. 老鹳窝旅游区
3. 度假区　　　　　4. 石林镇
5. 旅游管理中心　　6. 公路管理中心

石林交通广场规划设计 2001/2/23
石林县城建局·云南省城乡规划设计研究院创作中心

图A-57　石林交通广场规划设计方案
（图片来源：顾奇伟提供）

无锡惠山古镇保护发展修建性详细规划

规划总平面图

云南省城乡规划设计研究院 2002 年 12 月

图A-58 无锡惠山
古镇保护发展规划
（图片来源:《无锡
惠山古镇保护发展
修建性详细规划》
文本，昆明本土
建筑设计研究所，
2002，12）

图A-59 丽江玉河
走廊
（图片来源:《丽江
古城玉河走廊总体
数据及建筑初步设
计》文本，昆明本
土建筑设计研究所，
2004，9）

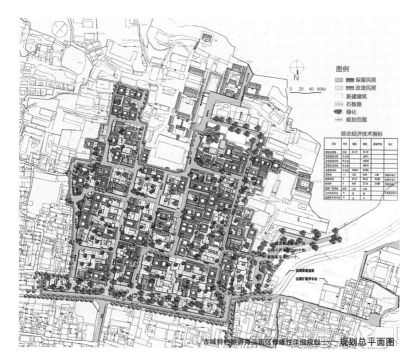

图A-60 通海秀山
旅游景区规划
(图片来源:《通海
县秀山旅游景区修
建性详细规划》文
本,昆明本土建筑
设计研究所,2005,
12)

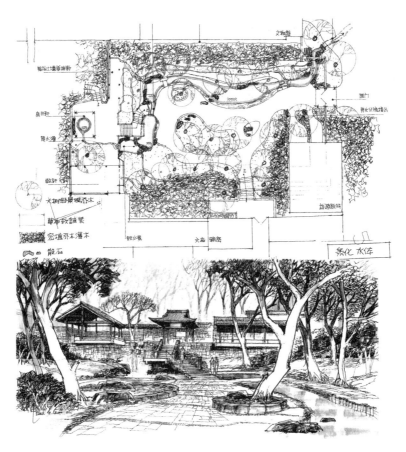

图A-61 通海龙潭
取水点方案
(图片来源:顾奇伟
提供)

图A-62 丽江黑龙潭拓展修建性详细规划
（图片来源：《丽江黑龙潭拓展区及东巴文化博物馆修建性详细规划》，昆明本土建筑设计研究所，2004，8）

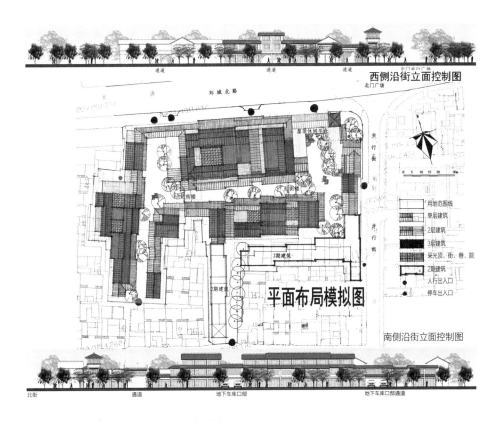

图A-63 通海县政府地块置换开发控制性详细规划
（图片来源：《通海县政府地块置换开发控制性详细规划》文本，昆明本土建筑设计研究所，2006，8）

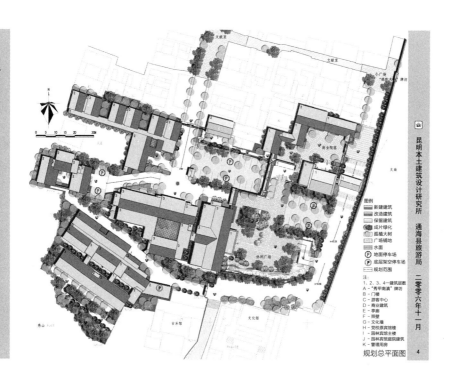

图A-64 通海秀山
入口前区修建性详
细规划
(图片来源:《通海
秀山入口前区修建
性详细规划》文本,
昆明本土建筑设计
研究所,2006,11)

备注:

1. 顾老在早期做了大量的城市规划方案,如大理、丽江、保山等城市,附录中未一一列出;

2. 附录中列出的作品只是顾老的部分作品,并非全部;

3. 附录中所列作品有的是顾老主创,有的是顾老参与方案构思;

4. 附录中所列的作品绝大部分都是笔者与顾老亲自确认过,而有的作品年代因相隔太久,错误在所难免;

5. 附录中所列的作品如未标方案二字则表示已实施或部分实施。

附录 B 顾奇伟的部分写生画收集

顾奇伟欧旅部分建筑写生画选（一）

图B-1 顾奇伟欧旅部分建筑写生画选（一）

（图片来源：顾奇伟提供）

顾奇伟欧旅部分建筑写生画选（二）

图B-2　顾奇伟欧旅部分建筑写生画选（二）
（图片来源：顾奇伟提供）

图B-3　顾奇伟欧旅部分建筑写生画选（三）
（图片来源：顾奇伟提供）

顾奇伟欧旅部分建筑写生画选（四）

图B-4　顾奇伟欧旅部分建筑写生画选（四）
（图片来源：顾奇伟提供）

图B-5 顾奇伟欧旅部分建筑写生画选（五）
（图片来源：顾奇伟提供）

顾奇伟秀山部分写生画选（一）

一九九〇年四月于昆，十五日

随王扬、张季冰等同志为
收集云南古建筑资料
起程临秀山作调查谱文
作描记其历史资料
本应着重记录其创作
修复。奉命村出是：

刚亭希修，因势而筑
黑瓦崇中，张地得当
在棣峡相对独立而
互相呼应。不拘一
格才能有所创造

图B-6　顾奇伟秀山部分写生画选（一）
（图片来源：顾奇伟提供）

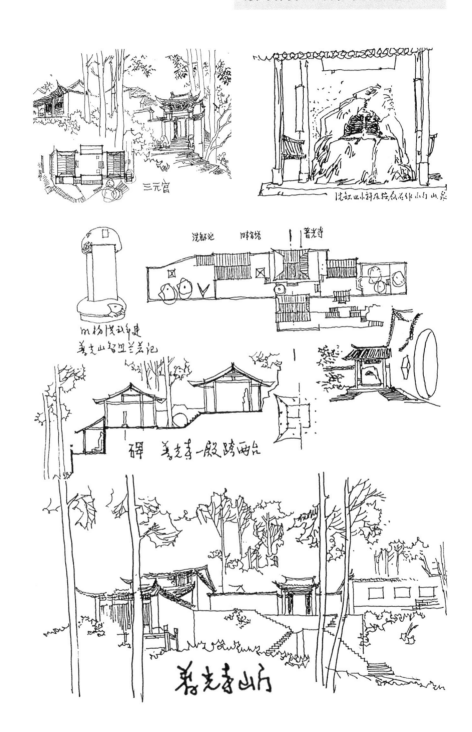

图B-7 顾奇伟秀山部分写生画选（二）
（图片来源：顾奇伟提供）

顾奇伟秀山部分写生画选（三）

图B-8 顾奇伟秀山部分写生画选（三）
（图片来源：顾奇伟提供）

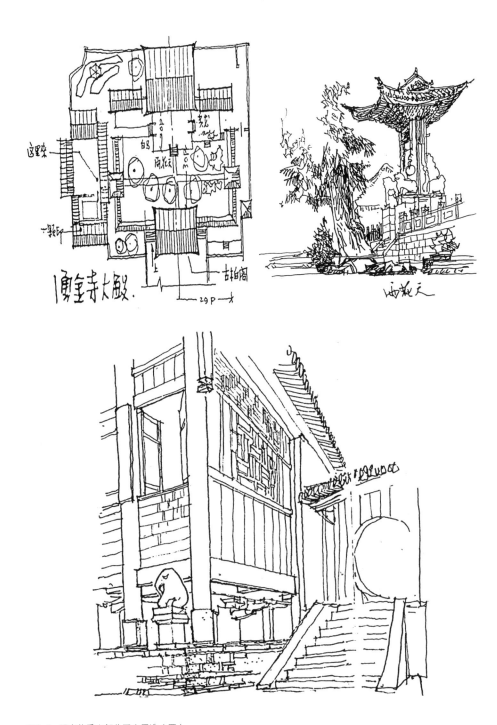

图B-9　顾奇伟秀山部分写生画选（四）
（图片来源：顾奇伟提供）

顾奇伟秀山部分写生画选（五）

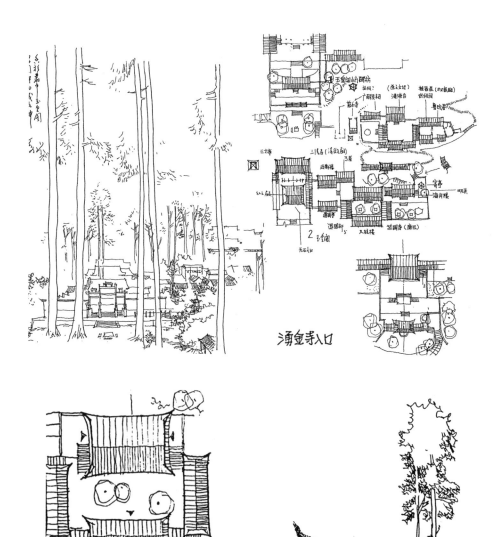

图B-10　顾奇伟秀山部分写生画选（五）
（图片来源：顾奇伟提供）

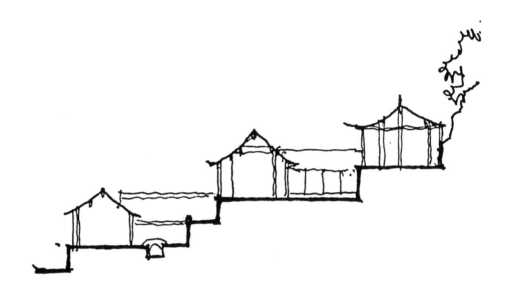

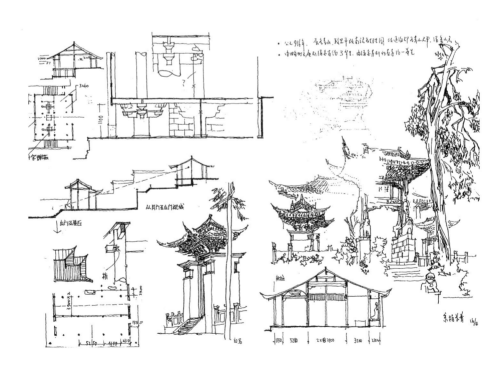

图B-11　顾奇伟秀山部分写生画选（六）

（图片来源：顾奇伟提供）

顾奇伟秀山部分写生画选（七）

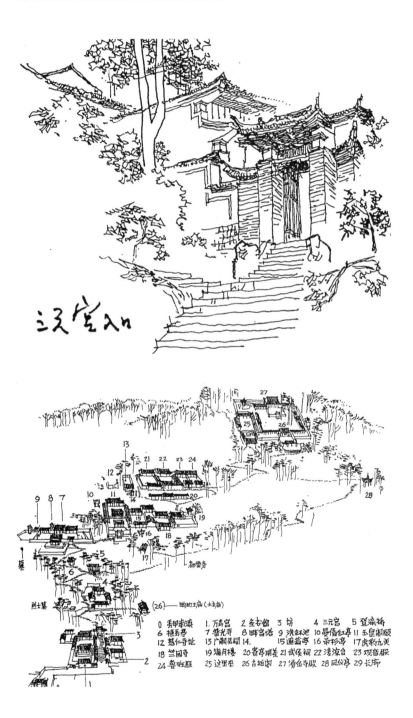

图B-12　顾奇伟秀山部分写生画选（七）
（图片来源：顾奇伟提供）

顾奇伟秀山部分写生画选（八）

图B-13　顾奇伟秀山部分写生画选（八）
（图片来源：顾奇伟提供）

顾奇伟秀山部分写生画选（九）

图B-14　顾奇伟秀山部分写生画选（九）
（图片来源：顾奇伟提供）

图B-15　顾奇伟云南地州部分写生画选（一）
（图片来源：云南建筑. 1990（3-4））

顾奇伟云南地州部分写生画选（二）

图B-16　顾奇伟云南地州部分写生画选（二）
（图片来源：云南建筑. 1990（3-4））

顾奇伟无锡部分设计画选（一）

管社渔声——陆街

图B-17　顾奇伟无锡部分设计画选（一）
（图片来源：云南建筑．1990（3-4））

顾奇伟无锡部分设计画选（二）

图B-18　顾奇伟无锡部分设计画选（二）
（图片来源：云南建筑. 1990（3-4））

图B-19　顾奇伟无锡部分设计画选（三）
（图片来源：云南建筑. 1990（3-4））

附录 C　顾奇伟发表的部分文章收集

一、在《建筑学报》刊物上发表的文章

1. 从繁荣建筑创作浅谈建筑方针. 1981（2）.

2. 春意的激情　文明的光彩——从昆明园林规划设计谈起. 1984（2）.

3. 探高逸的建筑品格　求当代中国的时代精神——初探建筑特色. 1984（11）.

4. 天时地利人和. 1986（11）.

5. 环境建筑创作. 1987（11）.

6. 无招无式　解脱自我——关于建筑创作思想方法的思考. 1990（8）.（第一作
   者，此论文获中国建筑学会1988~1991年优秀论文奖、省优秀论文2等奖）

7. 从建筑走向城市——谈建筑师的城市环境意识. 1992（2）.（第一作者）

8. 优质方能优生——市场经济下的创作随笔. 1994（9）.

9. 于无声处待惊雷——对建筑理论园地的期待. 1996（3）.

10. 生活之树常青——昆明春苑小区的环境规划设计. 1996（7）.（第二作者）

二、在《云南建筑》刊物上发表的文章

1. 无派的云南派——探释云南城镇、建筑特色（一）. 1990（3-4）.

2. 探索·创新·建设具有春城特色的小区——昆明春苑试点小区规划介绍. 1990
   （3-4）.（第三作者）

3. 有特质才无派——探求云南城镇、建筑特色（二）. 1993（3-4）.（获省
   1992~2003年优秀论文奖）

4. 十字路口的"云南派"——兼谈21世纪的云南建筑文化. 1999（3）.（第一作
   者，此论文获省1992~2003年优秀论文奖）

5. 人为·为人——在中国建筑师学会《理论与创作学术委员会》2000年丽江年
   会论文. 2000（2）.

6. 何种特色　何来特色　何得特色——优秀特色建筑评议时的随想. 2002（3）.

7. 在抗"非典"中更加健康——建筑创作随笔. 2005（1）.

8. 评优遐想. 2006（1）.

三、在《城市规划汇刊》刊物上发表的文章

1. 探索商业步行街的特点——昆明北京路南端商业步行街规划设计. 1986（4）.

2. 缺失了本土文化的城镇能建成民族文化大省吗？2005（4）.

四、在《新建筑》刊物上发表的文章

1. 关于建筑文化的思考. 1999（1）.

五、在《时代建筑》刊物上发表的文章

1. 欣喜中之忧伤——失落了的上海主"客厅". 2000（1）.

六、在《规划师》刊物上发表的文章

1. 院庆随想. 2004（10）.

七、在《世界建筑导报》刊物上发表的文章

1. 云南工学院教学主楼. 1995（2）.（第一作者）

八、被《建筑意匠》收录的文章

1. 怕的是"食今不化"——创作随感. 1993（1）.

九、被《新中国建筑创作与评论》收录的文章

1. 阿庐古洞洞前景观建筑. 2000.5.

十、被《建筑百家评论集》收录的文章

1. 愉悦中的悲凉——十字路口的"云南派". 2000.8.

十一、会议论文

1. 21世纪中国建筑创作的突破口."当代中国建筑创作研究小组"2001年学术年
   会论文.

十二、参与编写的著作

1.《云南民居》（云南省建筑设计院《云南民居》编写组. 云南民居[M]. 北京：中
   国建筑工业出版社，1986.）

2. 《云南民居续篇》（王翠兰，陈谋德. 云南民居续篇[M]. 北京：中国建筑工业出版社，1993.）

3. 《云南省历史文化名城保护对策研究》（获1994科技进步2等奖）

4. 《城市形象设计——昆明城市形象设计实例》（冯志成，赵光洲. 城市形象设计——昆明城市形象设计实例[M]. 昆明：云南人民出版社，1998.3.）顾奇伟主要编写了"第七章　城市形象元素设计"，获昆明市科技进步二等奖。

5. 《中国城市形象研究》（冯志成，赵光洲. 中国城市形象研究[M]. 昆明：云南人民出版社，2001.）顾奇伟主要编写了"第九章　城市公共活动空间"。

附录 D 图片目录

第四章　走向云南本土建筑文化

第五章 构建云南本土意识

第六章 云南本土建筑实践

附录A　顾奇伟的部分创作作品及设计绘图收集

参考文献

专著

[1] 张彤. 整体地区建筑[M]. 南京：东南大学出版社，2003，6.

[2] 吴良镛. 广义建筑学[M]. 北京：清华大学出版社，1989，9.

[3] 邹德侬. 中国现代建筑史[M]. 北京：机械工业出版社，2003，3.

[4] 周卜颐. 周卜颐文集[M]. 北京：清华大学出版社，2003，9.

[5] （英）G·勃罗德彭特. 建筑设计与人文科学[M]. 张韦，译. 北京：中国建筑工业出版社，1990，3.

[6] 《建筑师》编委会编. 中国百名一级注册建筑师作品选2[M]. 北京：中国建筑工业出版社，1998，9.

[7] 蒋高宸. 云南民族住屋文化[M]. 昆明：云南大学出版社，1997.

[8] 徐思淑，周文华. 城镇的人居环境[M]. 昆明：云南大学出版社，1999，1.

[9] 杨大禹，李正. 和顺环境[M]. 昆明：云南大学出版社. 2006，9.

[10] 石克辉，胡雪松. 云南乡土建筑文化[M]. 南京：东南大学出版社，1993，9.

[11] 毛刚. 生态视野——西南高海拔山区聚落与建筑[M]. 南京：东南大学出版社，2003，7.

[12] 谢立中，阮新邦. 现代性、后现代性社会理论[M]. 北京：北京大学出版社. 2004，5.

[13] 包亚明. 现代性与空间的产生[M]. 上海：上海教育出版社，2003.

[14] 冯志成，程政宁. 云南优秀特色建筑设计选[M]. 昆明：云南民族出版社. 2003，8.

[15] 张钦楠. 特色取胜——建筑理论的探讨[M]. 北京：机械工业出版社，2005，7.

[16] （美）肯尼斯·弗兰姆普顿. 现代建筑——一部批判的历史[M]. 原山，译. 北京：中国建筑工业出版社，1988，8.

[17] （挪威）诺伯格·舒尔兹. 场所精神：迈向建筑现象学[M]. 施植明，译. 台北：田园文化事业有限公司，1995.

[18] （美）C·亚历山大. 建筑的永恒之道[M]. 赵冰，译. 北京：中国建筑工业出版社，1989，10.

[19]　黄健敏. 阅读贝聿铭[M]. 北京：中国计划出版社，1997，6.

[20]　刘先觉. 阿尔瓦·阿尔托[M]. 北京：中国建筑工业出版社，1998.

[21]　刘家琨. 此时此地[M]. 北京：中国建筑工业出版社，2002.

[22]　《当代中国建筑师》丛书编委会. 当代中国建筑师·唐璞[M]. 北京：中国建筑工业出版社，1997，4.

[23]　布正伟. 创作视界论——现代建筑创作平台建构的理论与实践[M]. 北京：机械工业出版社，2004，2.

[24]　曾昭奋. 创作与形式——当代中国建筑评论[M]. 天津：天津科学技术出版社，1989.

[25]　冯志成，赵光洲. 城市形象设计——昆明城市形象设计实例[M]. 昆明：云南人民出版社，1998，3.

[26]　冯志成，赵光洲. 中国城市形象研究[M]. 昆明：云南人民出版社，2001.

[27]　杨大禹. 云南少数民族住屋——形式与文化研究[M]. 天津：天津大学出版社，1997.

[28]　云南省建筑设计院《云南民居》编写组. 云南民居[M]. 北京：中国建筑工业出版社，1986.

[29]　单德启. 从传统民居到地区建筑[M]. 北京：中国建材工业出版社，2004.

[30]　王翠兰，陈谋德. 云南民居续篇[M]. 北京：中国建筑工业出版社，1993.

[31]　（美国）亚里山大. 建筑模式语言：城镇、建筑、构造[M]. 王昕度，周序鸿，译. 北京：知识产权出版社，2001，12.

[32]　鲁迅. 鲁迅全集[M]. 北京：人民文学出版社，1981.

期刊

[1]　王冬. 西部年轻建筑师的凤凰涅槃[J]. 时代建筑，2006（4）.

[2]　张兴国，冯棣. 西南地域文化与建筑创作的地域性[J]. 时代建筑，2006（4）.

[3]　顾奇伟. 关于建筑文化的思考[J]. 新建筑，1999（1）.

[4]　顾奇伟. 缺失了本土文化的城镇能建成民族文化大省吗？[J]. 城市规划汇刊，2005（4）.

[5]　顾奇伟. 探高逸的建筑品格　求当代中国的时代精神——初探建筑特色[J]. 建筑学报，1984（11）.

[6]　顾奇伟，殷仁民. 无招无式　解脱自我——关于建筑创作思想方法的思考[J]. 建筑学报，1990（8）.

[7] 陈文敏，顾奇伟. 生活之树常青——昆明春苑小区的环境规划设计[J]. 建筑学报，1996（7）.

[8] 陈谋德. 云南建筑设计四十五年——论云南当代的建筑创作[J]. 云南建筑，1994（1-2）.

[9] 顾奇伟. 环境建筑创作[J]. 建筑学报，1987（11）.

[10] 顾奇伟. 阿庐古洞洞前景观建筑[M]//杨秉德. 新中国建筑——创作与评论. 天津：天津大学出版社，2000.

[11] 顾奇伟. 在抗"非典"中更加健康——建筑创作随笔[J]. 云南建筑，2005（1）.

[12] 顾奇伟. 怕的是"食今不化"——创作随感[J]. 建筑意匠，1993（1）.

[13] 布正伟. 建筑的内涵与外显——自在生成的文化论纲（缩写稿）[J]. 建筑学报，1996（3）.

[14] 袁牧. 国内当代乡土与地区建筑理论研究现状及评述[J]. 建筑师，2005，6（115）.

[15] 顾奇伟. 无派的云南派——探释云南城镇、建筑特色（一）[J]. 云南建筑，1990（3-4）.

[16] 顾奇伟. 有特质才无派——探求云南城镇、建筑特色（二）[J]. 云南建筑，1993（3-4）.

[17] 顾奇伟，殷仁民. 从建筑走向城市——谈建筑师的城市环境意识[J]. 建筑学报，1992（2）.

[18] 周文华. 环境　个性　特色——云南新建筑综评[J]. 云南建筑，1991（3-4）.

[19] 顾奇伟. 探索商业步行街的特点——昆明北京路南端商业步行街规划设计[J]. 城市规划汇刊，1986，7（4）.

[20] 顾奇伟，殷仁民. 十字路口的"云南派"——兼谈21世纪的云南建筑文化[J]. 云南建筑，1999（3）.

[21] 顾奇伟. 愉悦中的悲凉——十字路口的"云南派"[M]//杨永生. 建筑百家评论集. 北京：中国建筑工业出版社，2000，8.

[22] 刘克成. 东张西望[J]. 时代建筑，2006（4）.

[23] 沈克宁. 批判的地域主义[J]. 建筑师，2004（5）.

[24] 顾奇伟. 人为·为人——在中国建筑师学会《理论与创作学术委员会》2000年丽江年会论文[J]. 云南建筑，2000（2）.

[25] 华峰. 昆明世博"IN的家"概念住宅生态设计策略[J]. 时代建筑，2006（4）.

[26]　叶永青，吕彪. 妄想和异行——罗旭的昆明土著巢[J]. 时代建筑，2006（4）.

[27]　王冬. 我日斯迈　尔月斯征——有感于云南省优秀特色建筑设计评选[J]. 云南建筑，2002（3）.

[28]　顾奇伟. 于无声处待惊雷——对建筑理论园地的期待[J]. 建筑学报，1996（3）.

[29]　顾奇伟. 何种特色　何来特色　何得特色——优秀特色建筑评议时的随想[J]. 云南建筑，2002（3）.

[30]　刘学，赖洪敖，顾奇伟. 探索·创新·建设具有春城特色的小区——昆明春苑试点小区规划介绍[J]. 云南建筑，1990（3-4）.

[31]　顾奇伟. 评优遐想[J]. 云南建筑，2006（1）.

[32]　顾奇伟. 从繁荣建筑创作浅谈建筑方针[J]. 建筑学报，1981（2）.

[33]　顾奇伟. 春意的激情　文明的光彩——从昆明园林规划设计谈起[J]. 建筑学报，1984（2）.

[34]　顾奇伟. 天时地利人和[J]. 建筑学报，1986（11）.

[35]　顾奇伟. 欣喜中之忧伤——失落了的上海主"客厅"[J]. 时代建筑，2000（1）.

[36]　顾奇伟. 优质方能优生——市场经济下的创作随笔[J]. 建筑学报，1994（9）.

[37]　顾奇伟. 院庆随想[J]. 规划师，2004（10）.

[38]　顾奇伟，殷仁民. 云南工学院教学主楼[J]. 世界建筑导报，1995（2）.

[39]　吴良镛. 建筑文化与地区建筑学[J]. 华中建筑，1997，2.

[40]　李晓东. 从国际主义到批判的地域主义[J]. 建筑师，1995，8（65）.

[41]　单军. 寻找特色的泉源——从新获阿卡·汗奖的三个建筑设计到发展中国家探索地区特色的几点思考[J]. 建筑师，1997，2（86）.

[42]　亚历山人·仲尼斯，丽莲·勒非芙. 批判的地域主义之今夕[J]. 建筑师，1992，8（47）.

[43]　单军. "根"与建筑的地区性——"根：亚洲当代建筑的传统与创新"展览的启示[J]. 建筑学报，1996（10）.

[44]　吴良镛. 基本理念·地域文化·时代模式对中国建筑发展道路的探索[J]. 建筑学报，2002（2）.

[45]　邹德侬，刘丛红，赵剑波. 中国地域性建筑的成就局限和前瞻[J]. 建筑学报，2002（2）.

[46]　吴焕加. 现代化、国际化、本土化[J]. 建筑学报，2005（1）.

[47]　吴良镛. 乡土建筑的现代化，现代建筑的地区化——在中国新建筑的探索

道路上[J]. 华中建筑，1998（1）.

[48] 张彤. 整体地域建筑理论框架概述[J]. 华中建筑，1999（3）.

[49] 赵钢. 地域文化回归与地域建筑特色再创造[J]. 华中建筑，2001（2）.

[50] 张钦楠. 建立中国特色的建筑理论体系[J]. 建筑学报，2004（1）.

会议论文

[1] 孙彦亮，陈灵琳. 自觉的地区建筑创作[M]//天津大学建筑学院. 表情——走在设计的外延与内涵　第四届全国建筑与规划研究生年会论文集，天津：百花文艺出版社，2006.

[2] 张向炜，刘丛红，许峰. 浅析建筑理论教育的重要性[M]//东南大学建筑学院. 2003年建筑教育国际论坛：全球化背景下的地区主义. 南京：东南大学出版社，2004.

[3] 王亮，尹学彬. 21世纪中国建筑文化的创新与建筑教育[M]//东南大学建筑学院. 2003年建筑教育国际论坛：全球化背景下的地区主义. 南京：东南大学出版社，2004.

[4] 史永高. 地区性建筑如何可能？！——全球化背景下的地区主义抗争[M]//东南大学建筑学院. 2003年建筑教育国际论坛：全球化背景下的地区主义. 南京：东南大学出版社，2004.

[5] Li XiaoDong，Ye KangShu. Appropriating Vernacular Space:Ideology，Identity and Architecture——Yuhu Elementary School Expansion Project，A Pedagogical Design and Community Service Project in Lijiang，Yunnan，China[M]//东南大学建筑学院. 2003年建筑教育国际论坛：全球化背景下的地区主义. 南京：东南大学出版社，2004.

[6] 顾奇伟. 21世纪中国建筑创作的突破口[M]//"当代中国建筑创作研究小组"2001年学术年会论文.

学位论文

[1] 孙茹雁，朱敬业. 地域旅游环境与开发——兼论云南旅游开发特点[D]. 南京：东南大学，1994，6.

[2] 谷敬鹏，王路. 发展中国家的本土建筑——兼论本土建筑观对我国当代建筑创作的启示[D]. 北京：清华大学，2001.

[3] 杨宇振. 中国西南地域建筑文化研究[D]. 重庆：重庆大学，2002.

[4] 周凌，钟训正. 建筑的现代性与地方性——现代建筑地区化研究[D]. 南京：
东南大学，2000，6.

[5] 陈建东，朱谋隆. 地区主义建筑创作研究[D]. 上海：同济大学，2000，6.

[6] 李宝丰，聂兰生，张玉坤. 地区主义建筑理论探析[D]. 天津：天津大学，
2002，1.

[7] 单军，吴良镛. 建筑与城市的地区性——一种人居环境理念的地区建筑学研
究[D]. 北京：清华大学，2001，7.

后记

　　本书在结束之时，笔者常常感到汗颜，与顾奇伟丰富多彩的一生相比，本书显得实在太渺小。本书不足以描述顾老色彩斑斓的一生及其多元的建筑创作手法和思想，但笔者仍然鼓足勇气将行文呈现于读者，目的是希望有抛砖引玉的作用，让更多的人关注云南本土的建筑师，关注云南本土的建筑创作。

　　顾奇伟的一生是建筑创作的一生，60多年的现代本土建筑创作在云南地域建筑发展的历程留下了浓墨重彩的一笔。顾老学生时代文化的自我修养，为其后来的建筑创作要关注建筑的文化内涵奠定了基础。正当顾老满怀抱负走向工作岗位的时候，却遇上了社会的动荡、时代的变迁，在早期的建筑创作中流露出了建筑师的无奈。在他的建筑创作的红色时期，顾老一步步探索，从有招有式到有招无式，从无招无式到意料之外、情理之中，形成了一种连贯性，虽然这期间的作品有的也立足于形象，但这种形象也是源于对本土文化的思索，更透露着顾老的云南本土情结。顾老退休后，实际上"退而不休"，他以建筑师高度的责任感和使命感为云南的本土建筑创作摇旗呐喊，并身体力行对云南当下现实进行批判地建筑创作，保山的永昌文化中心就是其代表。

　　无论是哪个时期，顾老都在关注云南的本土文化，都饱含着云南的本土情结。在创作的灰色时期，顾老扎根于民间，积极学习云南的传统民居，努力地探求云南民居可贵的因时、因地、因物质条件的创作价值。在创作的红色时期，顾老更是系统地总结云南本土文化，并自觉地形成了一种本土意识，也常常表现在建筑创作之中。在顾老退休后的常青时期，在本土意识里多了一分批判精神和建筑师的责任感。从早期的关注到后来自觉地总结，从对本土文化的认同到对现实的批判，顾老的创作思想是那么地清晰可见，顾老的本土意识是那么地强烈而又根深蒂固。

　　作为云南老一辈建筑师的代表之一，顾老在长达60多年的本土建筑创作与研究的道路上辛勤地耕耘着。从早期与同辈建筑师们对云南民居的研究到《云南民居》《云南民居续篇》的出版，顾老形成了一种学术的自觉、一种拓荒的渴求；从1981年文章《从繁荣建筑创作浅谈建筑方针》的发表到1984年在昆明筹建"当代中国建筑创作研究小组"再到《无派的云南派——探释云南城镇、建筑特色

（一）》《有特质才无派——探求云南城镇、建筑特色（二）》《十字路口的"云南派"——兼谈21世纪的云南建筑文化》《愉悦中的悲凉——十字路口的"云南派"》等一系列文章的相继刊登，无不倾注着顾老对云南本土建筑创作的思考；从灰色时期起进行的本土建筑创作到玉溪聂耳公园、泸西阿庐古洞洞外景区、云南民族村傣族彝族村寨、建水燕子洞前景区、云南人民英雄纪念碑、昆明市博物馆等一系列作品的相继获奖，顾老已经在云南的本土建筑创作的道路上走过了60多年，在他开垦的土地上已经盛开了绚丽的花朵，结出了丰硕的果实。

当前，地域建筑学术研究已经成为一门显学，而云南的地域主义建筑的研究才刚刚开始，顾老在其60多年的本土建筑创作与研究中成了云南地域建筑研究的拓荒者之一，在拓荒的道路上，他以一个处在领导岗位上的学者身份辛勤地耕耘，并收获了不菲的成果。这让我想起了鲁迅的话，"什么是路，就是从没路的地方践踏出来的，从只有荆棘的地方开辟出来的。"[1]顾老年轻时走过的路的确是一条荆棘丛生的路。那时候的建筑创作受社会动荡因素的干扰与制约，在这种情况下，顾老同辈们拓荒的艰难是可以想象的。无论如何，道路毕竟已经开拓，旗帜已经飘扬，前景已经展现，在拓荒的道路上寄托云南广大建筑师的希望。

诚然，阅读顾奇伟，仅是笔者自己的"阅读"，其见解也纯属个人之拙见，但无论怎样其目的不只是阅读，是想找出与云南地域建筑发展相关联的问题，那就是云南地域建筑的发展离不开云南的本土意识。当然，文中的顾奇伟到了第五章已不仅仅是指顾老本人，而是代表着像顾老一样具有云南本土意识的本土建筑师。他们也在为云南的本土建筑创作做不懈地探索，并取得了一定的成绩，但比之云南广大的建筑设计工作者，他们仍是少数难成群星璀璨之势，云南地域建筑的发展仍显得步履蹒跚。

究其原因，是广大的建筑设计工作者没有本土意识吗？不，意识是有的，只是没有达到理论的认识深度。所以有本土的学者提出建立"云南的地域建筑学"理论，这无疑是正确的。"地区建筑学不是作为一个流派而提出的，而是逐渐被认识的一种普遍存在的规律和现象"[2]。"云南的地域建筑学"来源于云南的本土意识，但高于意识，它包含了云南地域建筑特色，而地域建筑特色是"来源于对本国、本地建设资源的最佳利用。这里所说的建设资源是广义的。它包括自然的和人文的资源。"[3]那么，云南的地域建筑特色就是对云南本土资源的最佳利用。"云南的地域建筑学"理论应该是一个开放的系统，是可持续发展的。

因此，在进行云南本土建筑创作时，就需要"云南的地域建筑学"理论来指导。在创作中，个人都有自己的观念，如果把"云南的地域建筑学"理论融入观念中去，从而形成一种创作的理念，这就是深层次的本土意识。当然，"云南的

① 鲁迅. 鲁迅全集第一卷[M]. 北京：人民文学出版社，1981：368.
② 吴良镛. 建筑文化与地区建筑学[J]. 华中建筑，1997（2）：17.
③ 张钦楠. 建立中国特色的建筑理论体系[J]. 建筑学报，2004（1）：22.

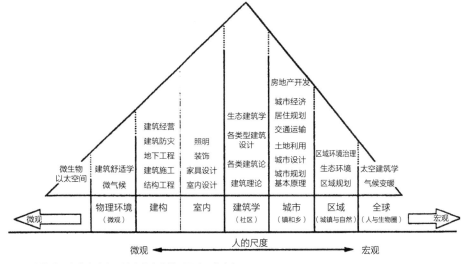

图 I　地域建筑学
理论的构架图
（图片来源：吴良镛.
基本理念·地域文
化·时代模式——
对中国建筑发展道
路的探索. 建筑学
报，2002（2））

由基础研究转变为应用技术的金字塔形图（丁肇中）

地域建筑学"理论研究不能只停留在史实等基础研究上，同时要加强针对性强、指导性强的应用技术的研究上（图 I）。只有这样的理论，才能形成有效的创作理念，才能创作出真正的云南地区建筑，也只有这样的建筑作品才能进一步推动理论的不断发展完善，最终形成理论与创作实践共同繁荣的局面。

当然，这需要云南建筑学人一代代地去耕耘，去创造，去发展。"地上本没有路，走的人多了，也就成了路"，顾老同辈们开拓的路需要更多的人去走。倘若如此，云南的地域建筑的发展才会有更美好的明天，假以时日，待中华大地地域建筑繁荣之日，云南的地域建筑将是我国建筑百花园里盛开得最为灿烂的一朵奇葩。

书稿是在硕士论文的基础上加工而成。在书稿结束之时，笔者暗自欣喜，因为酝酿多时的书稿最终出炉。但此时，又不免心虚，因为书稿的写作既是研究的过程，也是不断产生谬误的过程。在恩师王冬教授的指导和鼓励下，书稿最终顺利完成。恩师的博学严谨的治学精神、宽厚亲和的为人态度，使书稿在一次次的交谈中不断地成型，是王老师的高屋建瓴为书稿注入了新的血液。在此，我特别感谢恩师王冬教授。

同时，我还要感谢原云南省城乡规划设计研究院的顾奇伟院长。他的慷慨、包容，尤其是他不厌其烦地多次接待与相助，使得书稿不断地充实。顾老虽已逾85岁高龄，但仍然孜孜不倦地研究与探索，其坚韧不拔的治学精神，令晚辈钦佩，对我影响颇深！

在此，我要感谢我的研究生李琴同学为书稿的校对和排版付出了辛勤的劳动。感谢云南艺术学院森文教授、万凡教授、杨凌辉副教授、俞洋老师对书稿提的意见。感谢中国建筑工业出版社李东禧先生、唐旭主任、吴人杰编辑的帮助。

最后，我要感谢我的家人。我的爱人殷彩云主动承担家务，让我专心写作。在与她交流的过程中，时时得到写作的灵感。

书稿的写作过程中，我得到了很多人的帮助，不一一指出，在此表示感谢！

2020年5月10日于昆明呈贡